U0283310

营造法式

十

讲

陈 薇 著

中国建筑工业出版社

自序

　　自序，便可以将序和跋合并而作，该书能够完成首先要感谢——本应放在跋里的。感谢我的研究生导师潘谷西先生在三十年前将他执教的中国建筑史研究生经典课程"宋清营造法式"交给我，我自 1994 年开始教授这门课，一教就是三十年，并将宋代出版的《营造法式》作为课程重中之重，也开始了我不断研读和理解《营造法式》之旅；感谢我的学生孟平，2002 年她选修我这门课的时候，自己主动录音并进行了基本的文字转录，当年 6 月便交予我，促使我考虑可否以此为基础将上课内容做个集合，虽然后来有了许多调整和补充，以及每次上课都会有些翻新和修改；感谢孟阳同学最近五年陆续根据我的文字要求和上课板书记录，寻找一些相关底版并进行改画（文中标注底图来源的），做了大量为配合内容的图版工作；感谢阮景同学近一年里对图版的修正，及时给力；特别感谢李鸽编审，宽容我的拖拉和散漫，在合同确定意向五年后才交稿，却在收稿后夜以继日组织编辑出版，感谢刘川和付金红等好友们的鼎力帮助，这本书可能作为我教学研究生课程生涯的整年纪念。

　　自序，最合适记录心路历程——当我一次次捧读经典著作时的特别感受。在南京学习《营造法式》和教学营造，有两个独特之处。一是《营造法式》作为中国古代建筑专书在近代的问世，与南京有关。1919 年，朱启钤先生在南京江南图书馆慧眼发现《营造法式》，开启了中国建筑博大精深的营造研究历史篇章；1929 年，中国营造学社成立，朱启钤先生任社长，随后聘梁思成先生为法式部主任、刘敦桢先生为文献部主任，学社开端研究均以《营造法式》为重要切入。二是南京作为明初建立的都城，在政治、文化和技术上都秉承中国汉民族传统，重建"礼制"秩序，治隆唐宋，重要建筑的建设以《营造法式》为圭臬，对中国在金元时期断续的脉络进行了接续，并结合南方环境进行创新，进而在永乐皇帝迁都北京后使得北京呈现严谨规范礼制和山水环境依存兼备的都城。可以看到，南京作为《营造法式》传播的拐点和要地，是绕不过的城市。冥冥之中，我在这里学习，在这里教学，就有了使命感、历史感、责任感和自豪感。

自序，方便介绍本书的特点，也是我授课的宗旨——遵循经典却希冀讲薄和讲懂大书。首先，本书共十讲，除了第一讲是课程的开场白、第九讲是《营造法式》图样的专讲、第十讲是延伸的针对教与学以及理解《营造法式》价值内容之外，其余七讲基本按照《营造法式》的原有结构和体例来设置，这既可以更加贴近经典著作编纂的真实性、阐释其合理性，也可以层层揭示营造的相关内容、理解《营造法式》书写的目的。但是原著作共有三十四卷，前面还有序，最后有附录，实际相当于三十六卷，浩瀚广博，如何在这七讲内完成？因此，我还是做了多种组合和前后调整，不同年限讲授时反复比较过，目前看到的是我经过琢磨、认为比较合适的排序。其次，本书的语言比较口语化，是另一个特点。阅读时或许有听课的感觉，不是很严密，也没有做许多注脚注释，我比较喜欢用"相当于"这个词在课堂上进行解释和类比，让学生能够以既有的知识背景和常识以及专业素养学习近千年前的经典著作，所以若要将我的语言比对原著或者专家的术语解释，可能会有漏洞百出之嫌。最后，需要解释的是图版，二维为主的图版本是《营造法式》甚至是当时操作时常用的图示，我在课堂教学前二十五年完全是在黑板上粉笔板书，但有一年发现学生对二维的图示不敏感，看不懂，两眼茫然，所以近五年也通过视频补充立体图像，加深学生对于建筑及其构件的空间定位感受，也放映了若干届学生制作的动画视频，但经过我了解和比较学生课后的长久记忆和认知之后——当时学生跟着画图对于理解《营造法式》更加有效，本书还是以二维的图示为主，当然也增加了一些实物照片，除标注他人拍摄外，均为我平时现场考察的积累，可以弥补当代学生和读者对于非立体画面的淡漠和隔阂。

自序，还是最早和读者进行交流的可能预设——想读者所想，答学生所惑，其实这也是我授课的基本思路和风格。譬如，学习《营造法式》有什么用，学习后对于建筑设计有帮助吗，怎么能看得懂古典建筑复杂的结构呢？又如，学生急于了解经典建筑的比例尺度，等等。所以我的"十讲"会层层展开、不断推进，但是我期盼的远远不是解答如上问题，或者说我基本上没有正面回答这些问题。需要强调的是，读者一定要按顺序读，才可能发现《营造法式》的逻辑和我经久推敲前后关系的要则，抑或有惊喜、有启迪，当然也会有纠结，甚至困顿，所以文中在不同讲之中，我会有些重复的话，如"需要里面看看和外面看看"之类的叨扰之语，若看懂了可以跳过。当然有些深邃的中国古代独特的设计智慧、营造观念、数字转换、管理制度，都需要我们有思维的想象空间，如形成大屋顶正面的山花的"出际"需要参照的是建筑进深方向的"架深"数据，其关系妙不可言，言无所尽，有待读者，包括我，不断学习和认知。

最近《满江红》电影十分红火，我还没有观看，但无妨铭记："三十功名尘与土，八千里路云和月"，尚需"待从头，收拾旧山河，朝天阙"。

于癸卯年正月十八

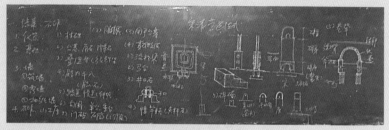

图 0-1　2018 年 4 月 5 日壕寨和石作讲课板书

图 0-2　2018 年 4 月 11 日大木作讲课板书

图 0-3　2018 年 5 月 2 日小木作讲课板书

图 0-4　2018 年 5 月 16 日泥作等讲课板书

图 0-5　2018 年 4 月 25 日《营造法式》讲课

图 0-6　2018 年 4 月 25 日《营造法式》大木作讲课

图 0-7　2018 年 4 月 25 日在东南大学中大院 309 讲解《营造法式》

图 0-8　2018 年 4 月 25 日《营造法式》大木作讲解

图 0-9　2018 年 4 月 25 日给研究生授课《营造法式》大木作

图 0-10　2018 年 4 月 25 日板书后的讲解

图 0-11　2018 年 5 月 16 日《营造法式》彩画作讲课

图 0-12　2018 年 5 月 16 日《营造法式》瓦作和泥作讲课

目录

第一讲　如何学习营造法式　001

第二讲　壕寨和石作　029

第三讲　大木作之分类、材分楔与铺作　079

第四讲　大木作之斗栱　109

第五讲　大木作之构件　151

第六讲　大木作之设计　183

第七讲　小木作　213

第八讲　彩画等诸作法　253

第九讲　营造法式图样　291

第十讲　『极限』与『跨越』：演绎宋式建筑　311

参考文献　338

索　引　339

第一讲

如何学习
《营造法式》

一、经典意义

我们这门课的名称叫"宋清营造法式"，但我重点讲宋代《营造法式》（图1-1），另一本是清代《工程做法则例》，我会在方法论层面指导如何学习。

无论是两本书产生的时间，还是相关的具体内容，距离今天我们习得的建筑学差异较大，如何学习《营造法式》，这个路径我们要清楚；同时对于我来说，法式是一门比较专业的课程，但今天选课的学生，除了中国建筑史专业的研究生以外，还有学西方建筑史、建筑设计、建筑技术的，甚至还有学城市规划和风景园林以及艺术专业的，所以对我来说有一个教学的难点，即：怎样跨越专业领域来讲这门中国建筑史的专业课？这是一个挑战。我希望开始的第一讲，相当于序，期待大家对《营造法式》（后

图1-1　《石印宋李明仲营造法式》，丁氏抄本影印，民国八年（1919年）.

常规表达简化为《法式》）有一个比较一致的认知。

首先谈第一个问题：何谓法式？为什么要学习法式？

所谓**法式**，即法则、程式，在中国古代的文献中，提到关于建筑的法式不是很多，但还是有些记载，比如《周礼·考工记》里的匠人营国制度、唐代制定的营缮令等，这些都属于和法式有关的文献记录。在中国古代，凡是和律令、条例、定式等含义相关，即明文规定或成法的，都可以称为法式。

那么，为什么要学习法式？我从下面几个方面来谈：

第一，无论是进行古典建筑设计，还是进行建筑历史研究，法式是基础。也就是说，学习中国古代建筑，只有先迈入法式研究的领域，才可能入门，因为这是经典。中国营造学社的创始人**朱启钤**（1872.11.12—1964.2.26）先生将中国建筑研究的组织机构命名为"中国营造学社"以及开展研究的起步，都离不开对于《营造法式》的深解。20 世纪 30 年代初，《中国营造学社汇刊》第一辑在对中国古典建筑研究伊始，首先开展的就是《营造法式》研究。英国学者**李约瑟**（Joseph Terence Montgomery Needham，1900.12.9—1995.3.24）先生也将其纳入科学技术史的范畴加以研究。

第二，俗话说"没有规矩，无以成方圆"，说白一点，学法式是修行涵养。实际上，对于学习建筑的过程来说，如果没有经过法式这样的基本训练，要推陈出新也是非常困难的。举正反两例。第一个例子是大家都知道的后现代建筑，相对于现代建筑的强大生命力，这个思潮在西方建筑中持续一段时间后就消退了，因为有流于肤浅之嫌疑。其实"后现代"是一种文化，也是一种社会现象，它的影响和内涵远远胜于后现代建筑，也就是说如果从多元化的社会需求来说，后现代建筑应该留存更久，但事实并非如此。对此，英国前卫建筑师**理查德·罗杰斯**（Richard George Rogers，1933.7.23—2021.12.18）曾说过一段话耐人寻味，大概的意思是：现代主义的失败并不是因为它强调科技，而是由于它在伦理追求上出现了偏差；后现代是注重伦理的，但后现代建筑的昙花一现，是由于从事后现代建筑设计的很多人没有经过过硬的古典基础训练，不能真正把握西方古典建筑的精华。我非常欣赏罗杰斯也非常认同他的观点，要破旧立新，首先要深解，知道哪些该破。第二个例子是日本建筑师**安藤忠雄**（Tadao Ando，1941.9.13—　），很多同学很崇拜他，特别是1999年国际建筑师协会（简称UIA）大会于北京召开时，在中国曾掀起过一阵安藤忠雄热，大会舞台上他身穿一袭白色西装如明星般璀璨。人们赞赏安藤什么？因为他的建筑是有深度的。这种深度的获得，其中一个来源就是向古典学习——这是安藤先生学建筑过程中非常重要的一个特点，他十八岁就开始考察日本的传统建筑和文化古城，1960年代以后又游历欧美，考察西方文明的伟大建筑，最主要的是，他绘制了大量的图，并保留到今天。向历史学习——可以说这是安藤曾经走过的路。那么对中国建筑的发展来说也是这样，我们只有经过对古典法式的系统学习，了解了那些规矩，才可能知道哪些该突破，哪些该保留，才可能有新的见解、产生新的手笔。

　　第三，我要强调这一点：学习法式，这是建筑学研究生知识结构中必不可少的一部分。过去通常是中国建筑史方向的研究生要求必修这门课，现在有很多其他专业的同学来学，总是想从中得到一些直接可以拿来用的知识或者说技能。我应该告知大家如果抱着这样的想法，可能你会失望，甚至即使是我这个方向的学生，暑假考察时也会疑惑：怎么没有一幢古建筑标准地按照法式来建呢？法式的意义何在呢？那就是你并没有真正理解《营造法式》。

二、《营造法式》性质

我要谈的第二个问题乃《营造法式》是如何性质的书？这是我们达成共识的基础。《营造法式》系北宋**李诚**（字明仲，1035—1110）编撰，关于该书的性质我们要讨论一下。从前辈学者的研究来看，大致可以分为两种观点。

一种以清华大学**梁思成**（1901.4.20—1972.1.9）先生为代表，认为《法式》是北宋官订的建筑设计、施工方面的专书，其性质有点像今天的"设计手册 + 建筑规范"，因此梁先生称之为中国古籍中最完善的一部建筑技术专书，强调其专业性与技术性。

另一种以东南大学**潘谷西**（1928.4.23—　）先生为代表，他认为《法式》是政府对建筑工程制定的、在实施过程中必须执行的法规，强调它的约束力。潘先生的这一观点主要从李诚的《营造法式》**"劄子"**（即现在所说的序）而来，"序"介绍《法式》编撰的背景：当时宋朝政府要求编此书，目的在于注重工程预算，从而节制各项工程的财政开支。

这两种观点各有道理，同学可能会问：那陈老师，您的观点是怎样的？我个人认为：梁先生对《法式》的评价是从这本书产生的结果而言，确实，《法式》为后世理解宋式建筑、理解相关建筑技术的发展提供了一个依据和基准；但从写书的初衷而言，潘先生的观点似更可信，因为《法式》的编纂缘由主要为协助政府节省开支。过程有两次，第一次在熙宁年间，正值**王安石**（1021.12.18—1086.5.21）**变法** [王安石变法，自熙宁二年（1069 年）开始，至元丰八年（1085 年）宋神宗去世结束]，其核心思想就是通过"理财"和"整军"以发展生产和富国强兵，又称为"王安石变法"，指他为改革北宋建国以来的积弊推出的新法，主要内容包括：青苗法、农田水利法、免疫法、方田均税法、保甲法，对巩固宋王朝的统治、增加国家的收入，起了积极的作用。在此背景下，敕令当时**将作监**（工部，"官府手工业管理"的官署，隋唐宋时期曰"将作监"）主编《营造法式》，目的就是控制用工用料，但是过程艰难，拖拖拉拉写了十余年，直到宋哲宗元祐六年（1091 年）才完成，第二年颁布。但这一次编写不很完善，在实际工作中行不通，于是六年以后哲宗敕令将作监重编，这次主编就是李诫，李诫在"劄子"中将重编的最主要目的说得很明白："关防功料，最为要切，内外皆合通行。"（《李明仲营造法式》序目"劄子"一页）这本书能否起到这样的作用，这是编撰其真正原因和关键所在。所以，从这一点来看，潘先生的理解可能更切合当时的历史事实。

另外，我从实践过程中也体味到《法式》的性质不是设计课本。1983—1986 年从学潘谷西先生期间，大约 1985 年受命协助潘先生设计宋式建筑"黄楼"（位于江苏徐州黄河边上，历史上为纪念苏东坡治理黄河而建，此设计为重建）时，当我进行到扩初、按照《法式》取值进行大木作断面设计时，发现如果完全按照《法式》，尤其依材分规定的上限进行设计时，构架有的材料之间会"打架"，随后在潘先生指导下进行了调整才完成，但当时并未深想。后来工作之初又在安徽琅琊山设计了一个碑亭，这个设计是按照江南**《营造法原》**（姚承祖原著，张至刚增编，刘敦桢校阅）计算的，建造完成后自己感觉屋角伸出太大了。以后在反复研读《法式》中，我反思这两个设计实践的得失，逐步想通一件事情，就是无论是《法式》还是《法原》，大凡定式之类，如同现在的设计规范，给的数值只是一个范围、一个限度，不能仅取限值的最大数。这也通晓了现实中我们没看到标准的《法式》宋代建筑的原因，如同我们没有找到历史上完全按照"营国制度"建造的都城一样。

三、作者李诚

对一部著作的认识，了解作者很重要，这使得你可以对所阅读的书有信赖度。我经常和学生说，读书先要研究下作者，尤其是阅读译著，译者的水平会决定你的选择——需不需要和值不值得阅读。

李诚何许人也？值得信赖吗？他和《营造法式》编撰工作的关系是怎样的？

李诫，河南郑州管城县人。可以确定的是，他除了是一位卓越的建筑师及重要官员以外，还具有很多方面的才华。我们根据其墓志铭知道，他书画兼长、知识渊博。比如他研究地理，写有《续山海经》十卷；他还非常懂马，著有《马经》，并且非常擅长画马；他也研究文字，著有《古篆说文》；另外，他还懂得赌博、游戏、音乐，写过《六博经》《琵琶录》等。从这个人身上，我们可以了解中国古代建筑师具有的综合才能，非常卓越，毫不逊色于米开朗基罗这样的西方古典建筑大师。我非常不同意一种说法：中国古代没有建筑师，只有工匠。这都是从字面上查找所得的肤浅认识，试想如果中国古代没有建筑师，怎么会有那么多伟大的建筑？只是那时从事类似建筑师职业的人被称作**工官**（掌管百工和官营手工业的官员），不叫建筑师而已，有的工官地位很高，像设计北京明代宫殿的**蒯祥**（1398—1481），是四品官，在清代属正二品了。

李诚地位也很高，是将作监官员，相当于现在住房和城乡建设部部长。应该说，由李诚来编撰《营造法式》不是没有缘由的，他非常有工程经验，曾主持了大量兴建或重修工程，如五侯府、雍宫、龙德宫、九成殿、开封府衙、明堂等，由于成绩卓著，受到过多次晋级奖励，他是一步一步晋升为专职建筑的工官。开始是将作监主簿，相当于秘书或秘书长；后来做到丞，相当于助理；然后做少监，相当于将作监副职；最后做到将作监大匠。也就是说，他是一步一步从基层干出来的。顺带说一下**将作**，从汉代开始就有将作大匠之职，专司土木营建之事，此后历代都有这一职掌，隋以后叫"将作监大匠"，宋代沿袭隋的叫法。

考察李诚的背景，我们可以知道，他的实际工程经验是相当丰富的，墓志铭中写他"于绳墨之运，皆已了然于心"，所谓**"绳墨"**即古代画建筑工程图的方式（现在你们用电脑，我们当时用纸墨，古人用绳墨）。参照"劄子"，李诚说他自己"考究经史群书，并勒人匠逐一解说""考阅旧章，稽参众智"，从这里可以看出，李诚编撰的《营造法式》是在他自己有实际经验的基础上，参阅古代文献和旧有规章制度，并依靠和集中工匠的经验与智慧写成的。

从这个层次上来说，《营造法式》是一部值得信赖、价值连城的专著。

四、体例特点

接下来我们谈一下《营造法式》这本书的特点和体例。这本书的体例非常完整，而且层次分明，共有三十六卷（图1-2），我大概介绍一下，以后同学们看书就心中有数了。

第一、二卷叫**总释、总例**。也可以叫释名，就是引经据典地诠释、说明各种建筑物和构件的名称，并说明一些计算方法，以及当时一些定额的计算方法，相当于我们现在书的说明。

第三卷叫壕寨制度和石作制度。**壕寨**就相当于今天的土石方工程，比如地基、筑墙等。**石作**就是关涉石材的做法，比如大殿台基及阶基、踏道、柱础、石勾阑等，以及关于这些部分的加工、雕饰等。

图1-2　《李明仲营造法式》八册，民国十八年十月（1929年10月）印行.

第四、五卷为大木作制度。这是我们学习的重点。**大木作**主要指在建筑中承担结构作用的构件的做法，比如梁、柱、铺作（斗栱）、槫（清代也称为檩）、椽等构件的做法。

第六卷至第十一卷，共六卷，主要为**小木作**制度。小木作是相对大木作用料小且起到完善建筑的做法。其中前三卷如门窗、勾阑等小木制作，属建筑部分，和完善建筑使用功能有关；后三卷关于佛道帐、经藏、神龛和存放经卷的书橱等，相当于今天的家具——但大多数是固定的。

第十二卷是**雕作、旋作、锯作、竹作**四种制度。这些均与加工过程中的工艺有关。

第十三卷主要谈**泥作**制度和**瓦作**制度。其中泥作包括用泥抹、刷、垒、砌等制度；瓦作包括瓦件的用法、等第、尺寸等。

第十四卷是**彩画作**制度。这部分的分量比较重，是表达建筑审美及特性的重要内容。

第十五卷是**砖作**制度和**窑作**制度。砖作制度包括各种砖的规格、用法，窑作制度包括砖、瓦、琉璃等陶制材料的生产制造等。可以想见，古代建筑师也要了解甚至推荐材料厂家和材料商，和今天建筑师完成施工图后的工作没有太大差别。

第十五卷及其以前的部分，我们可以称之为诸作制度，也就是各种做法的制度。

第十六卷之后为**功料**定额。其中，第十六卷至第二十五卷，共十卷，主要对各种做法的**功限**（用工定额）进行详尽的规定。

第二十六卷至第二十八卷，共三卷，谈诸作的**料例**（用料定额），规定各种做法按构件等第、大小所需的材料限量。

从第二十九卷至第三十四卷，共六卷，主要为诸作的**图样**。其中包括总例中的测量仪器、石作中的柱础和勾阑、大木作的各种构件等详图，包括各种殿阁的**地盘**（一种平面类型）、殿阁和厅堂的**侧样**（进深向的结构样式）等。这里补充一句，中国古代的木构建筑不太注重立面，但非常注重侧样，图纸表达相当精确，当时在世界上都具有领先地位。为什么那么注重侧样，而不是从立面开始进行设计，通过下一阶段的学习，同学们会逐渐理解。至于旋作、锯作、竹作、瓦作、泥作、砖作、窑作，就没有什么图样了。

在第一、二卷前还各有两卷，包括：**看详**一卷——主要是对各作制度中若干规定的理论或历史传统的依据进行阐释；**目录**一卷——是对诸建筑名称以及相关的术语进行梳理。

以上是大致的体例。从中可以看出，《营造法式》的编撰是一项庞大的工作，涵盖了建筑设计涉及的各个工种和建造施工的各个过程；另外，它又考虑到在建设实际过程中限制定额、如何下料、用多少工时等问题，这些都属于建筑管理方面的内容。总的来说，这是一部纲举目张、条理井然且具有一定科学性的古籍，在中国建筑史上属罕见之珍宝，对此，李约瑟先生在《中国科学技术史》中有专门论述并给予高度评价。

五、书籍版本

精读一部著作，除了了解书的性质、作者、体例之外，也要对版本有所了解，而且版本的脉络还表达了某种学术的传承问题。通过版本，我们可以看出一本书流传的过程以及它对各地的影响程度；在《营造法式》版本的转换过程中，我们可以看出一代代人对《法式》的不同认识和取向。

名称上的《营造法式》原始版，便是宋哲宗元祐六年（1091年）出版的，是李诫的前任编撰的，我们称为**元祐版**。元祐版是熙宁年间（1068—1077年）朝廷敕令将作监编修的，主要目的在于加强政府对各项工程的控制。估计是第一次大型编撰，此版"只是料状，别无变造用材制度，其间工料太宽，关防无术"（《法式》劄子）。

宋哲宗绍圣四年（1097年）朝廷又敕令将作监重编，这一次李诫承旨办理，经过三年左右完成，至宋徽宗崇宁二年（1103年）出版，这就是我们通常讲的李诫编撰的《营造法式》**崇宁版**。这本书影响非常大，但是由于战争，该书金代以后在北方流失严重，倒是南宋时有重刊，秦桧的小舅子在**平江**（苏州）就两次发行出版，世称"绍兴本"和"绍定本"（以出版时间所属年号而定），并且在南方流传有很多抄本，如宁波天一阁有范氏抄本，明《永乐大典》中也载有一点抄本。

1919年，朱启钤先生在南京江南图书馆发现了丁丙抄本《营造法式》，阅之觉得非常重要，遂用石印制版印行，世称"丁本"。但丁氏抄本也不很全，朱先生便把它和北京图书馆的南宋残卷（南宋版本）两相对照，认为残卷对丁氏抄本是一个补充，于是委托陶湘进行修订，这就是我们称之为的**陶本**。陶本于1925年毕工，刊书发起者为朱启钤，乃我们通常讲的朱启钤先生的**仿宋重刊**《**营造法式**》——《李明仲营造法式三十六卷》（图1-3～图1-5），民国十八年（1929年）10月印行。东南大学建筑学院古籍部珍藏有多本这个版本，也是近代广为应用和影响重要的版本。

图1-3　仿宋重刊《营造法式》，民国十八年十月（1929年10月）印行.

图1-4　仿宋重刊《营造法式》扉页，《李明仲营造法式三十六卷》.

图1-5　仿宋重刊《营造法式》，国立中央大学图书馆藏（1929年）.

　　1920年，朱先生还任《四库全书》印刷督理，或许由于这些工作的推进，他于1925年开始筹办中国营造学社，终于1929年正式成立，朱先生任社长，1930年又聘梁思成先生任法式部主任、**刘敦桢**（1897.9.19—1968.5.10）先生任文献部主任。1932年，刘敦桢先生在北京故宫博物院发现一部清代抄本，行款与绍定本相同，图文完整，学界称为"故宫本"，是清代抄本中最有价值的，时间要比"丁本"早。刘先生根据"故宫本"比照"陶本"，发现"慢栱"条有缺失，而朱先生又十分重视，于是和陶湘商量，对第四卷的3～11页进行了补充并用红色印刷，从中可见一本著作能传世饱含有多少人的辛勤工作！

　　大家目前可以普遍借阅的应该是由**傅熹年**（1933.1.2—　）先生进行增补后的印行本（北京：荣宝斋出版社，2012年）及2017年

图1-6　李诫撰，傅熹年纂校，《营造法式合校本》，
北京：中华书局，2017年.

的合校本（图1-6），对于丁本和陶本的文字脱文和图样缺失、刘
敦桢先生修正的图样等进行了完善。这是我们所了解的《营造法式》
古籍得以问世和传世的大概过程。

六、《营造法式》局限

尽管我们说《营造法式》是一部经典著作，但它的编撰还是有
一定局限性。

客观地说，由于《法式》是地处中原的官方制定的，因此对其
他区域的建筑做法谈得比较少，若要了解更广泛的地方做法，《法式》
就不是唯一法典了。举一些例子。比如**连珠斗**，就是上下连用两层
斗，这在五代时期的苏州虎丘塔上就出现了，但《法式》没有提到，

可能是不够规范吧，也可能是砖作仿木带来的调整所致，不是范本。再比如南方有的**卷头造**——不出耍头的做法，《法式》也没有提到。

即使在北方，辽金时期普遍采用的**斜栱**（和常规的正向垂直相交不同，成角度斜出斗栱），《法式》也只字未提。我们知道辽和北宋在时间上是并存的，只是空间地域不同，斜栱从目前保留的情况看，是在辽的地方范围较多，有意思的是，2023 年 12 月开放的太原北齐壁画博物馆，我看到有北齐时期壁画描绘的宫殿建筑用斜栱，可见斜栱使用在这个地区有传统，但并未纳入，也许认为该做法不够正统。又如，独乐寺观音阁这样重要的建筑，大修以后我们知道它在暗层的每个开间都有**斜撑**（在建筑垂直面斜向增加的撑木），大同薄伽教藏殿也有，应县木塔也有，这是一种非常重要的做法，对维护结构起很大的作用。在日本，19 世纪末大地震以后，出于抗震要求才开始用斜撑做法，而中国古代早就有了，可是斜撑在《法式》中也没有记载。当然，斜撑后来也没有继续发展下去。

可见"内外皆合通行"之"内外"，范畴或许只以当时理解的中原正统建筑为主，我们可以看出《法式》记录和总结的做法在区域、等级等方面是有一定局限的。

此外，大家可能都注意到现在常谈的一个问题——《法式》和南方建筑做法的关系。究竟是《营造法式》影响南方建筑，还是南方建筑影响北方建筑继而影响《营造法式》？从大的历史观看，我们今天谈论的唐宋北方建筑在承继传统方面，经过辽、金、元等少数民族统治以后，可能延续性并不顽强；相反，南方受战争影响比较小，同时由于宋室南迁传来《法式》并经过南宋二度发行，那么建筑在江浙一带延续了很多《法式》的做法便顺理成章。如我们现在浙江一些山区可以看到些具有《法式》特征的古质建筑，其实是明代甚至是清代的，这隐约可以领略《法式》对南方建筑的影响。但也有人认为，南方这些做法可能在南宋以前就有，也就是说南方做法很早就影响到北方，所以在《法式》中可以看到和这些做法有相互的印证，这就要往更早期的文化交融与技术传播上去推断了。当然，到底是鸡生蛋，还是蛋生鸡，这在学术界是有争论的，这里只是把问题提出来，留待大家思考。

七、研究方法

关于《营造法式》，再谈一下研究方法。

第一，学《法式》绝对不能满足于就事论事，不能停留在弄清制度、功限、料例本身，而应该透过这些资料、记录，更多地理解宋代建筑以及运作的操作系统，包括管理制度。对于各个专业的研究生，可能其中一些同学会对管理感兴趣，我觉得要弄清中国古代建筑的管理，《法式》就很值得研究。

第二，研究不能脱离当时的客观存在，不能脱离历史真实而凭主观臆断。在这方面，梁思成先生为我们树立了治学的榜样：他通过调查大量实物对比《法式》，以严格的科学态度对中国古建筑作形象、准确的解释，为后人带来了很多方便。所以，希望大家今后多看实物。

第三，学《法式》反对走捷径和片面拔高。学了《法式》以后，同学们就会建立起这样一个概念：中国古代的营造和现代设计概念是不同的。现在常常是先做平面、立面，然后配结构，在这样的概念之下，曾有学建筑设计的同学拿了一张中国古代建筑的立面图，通过做几何构图分析，得出一些令人诧异的结论，这就不十分符合中国古代建筑的营造方法，这样得出的结论若没有结构分析的参照，就没有实际意义。再比如，有人通过研究，认为材分八等是根据梁的强度计算得出的、有等比级数关系的一组数字，并由此得出结论——我们国家在这方面取得的成就比欧洲还早六个世纪，也就是说在**伽利略**（1564.2.15—1642.1.8）通过悬臂梁试验取得梁抗弯强度计算方法之前，我国早已解决了这一问题。对于这样的结论，我个人觉得值得商榷。中国的很多建筑做法是通过经验法则得到的，但是对于材料性质有相当深入的了解，而不是像欧洲那样进行实验获得，所以我们的很多记载非常模糊，这种模糊性导致现在既可能把它往科学上拉，也可能把它往经验上靠，究竟哪一种更符合史实，还要从各个方面不断求证，这样才能真正求索历史的真实性。

八、相关书籍

介绍如下和《营造法式》传承相关的书籍及对《营造法式》进行研究的专著，目的不只在于积累知识和寻找参考书，更在于学习如何展开研究。

（一）明《鲁般营造正式》和《鲁班经》（图1-7、图1-8）

这两本书的书名听起来很接近，但若能和《法式》联系起来思考，会发现前者书名中的"营造"更值得关注。

先说下关于这两本书之间的关系，学界也有过讨论。《鲁般

营造正式》　现在仅存宁波天一阁一本，是明中叶成化至弘治间
（1465—1505 年）刊印的。《**鲁班经**》是一部古代民间匠师的业
务用书，此书现存的最早版本是国家文物局收藏的明万历（1573—
1619 年）版，但缺失了前面二十多页；其次是崇祯本，在北京图书
馆和南京图书馆都有收藏，比较完整；再往后，刻本的种类就很多了，
还有石印本、铅字排印本等。刘敦桢先生认为《鲁般营造正式》是
比《鲁班经》更早的一个版本；或者反过来说，《鲁班经》包括了《鲁
般营造正式》的基本内容，《鲁班经》是由《鲁般营造正式》增编
而成的。刘先生的这一研究和结论发表在《营造学社汇刊》六卷四
期上。但刘先生的弟子郭湖生先生认为，《鲁班经》不是对《鲁般
营造正式》的增编，也不是改编，而是新编，当然，编的时候有很
多底本，《鲁般营造正式》只不过是摘抄的底本之一。这是两种看法。

　　而这里认识两本书的性质，我是相对于宋《营造法式》而言的。
从背景看，南北建筑风格在唐和北宋期间不是特别明显，但经过南
宋与金百余年的对峙、与元四十余年的相峙，南北差异日趋明显，
元统一中国以后，差异继续扩大。应该说，由于宋室南迁以及刚才
谈到的《营造法式》在南方盛行等原因，南方反而比较多地延续了
宋式风格，明初南京在政治上"治隆唐宋"（明孝陵中碑亭刻字，
是康熙皇帝题写，表达了对朱元璋的主张的理解和认可），因而在
建筑上以继承唐宋形制为准则，进一步稳固了《法式》的地位。而
北方则形成了明清官式做法的先声，明清官式做法可以说是在辽、
金特别是元的基础上形成的，但是明永乐建都北京，明初南京影响
进而北上，《法式》也未必没有在明清建筑中体现，只是这传承的
因子小了一些。因此，无论如何，南方这个版图对于中原文化及建

筑技艺的传承是绕不过去的。《鲁般营造正式》（以下简称《正式》）总结了江南民间建筑的经验，但它和《营造法式》之间应该有关联，我们一般认为，《正式》基本沿袭了宋《法式》的体例，是大木作匠师的职业用书，历来得到建筑师重视。而《鲁班经》内容庞杂，涉及面很广，尤其增加了很多看似风水迷信的内容，如仪式、符咒、选吉日、定门尺之类带神秘色彩的内容。之所以说"看似"，是因为我主持的镇江北固楼建筑工程在选择"上梁"的吉辰时，施工方提前半年约定某日下午四点喜雨时上梁，但是当日万里晴空，我和研究生疑惑着喜雨从何而来？确恰在规定的上梁十分钟内山风起舞、雨点飘落，之后又太阳高照。对于这种天象之准确的预期，令人惊叹，相信是经过几百年甚至几千年的相当于现在大数据的积累判断形成，只是可能都是秘籍不外传而显得神秘而已。另外，除房舍之外，《鲁班经》还加入了大量家具、农业和手工业木工具、手推车等的记载，应该是更宽广的南方匠师运作之总结。

下面再谈一下这两本书不同的特点和价值。《正式》以手抄本的形式记录了建筑工程过程多方面、各环节的内容，为我们留下了图文并茂、互相配合、注重技术的工匠用书的资料。《正式》保留的很多图，在今天仍具有很高的学术价值，比如楼阁正式、七层宝塔、庄严之图等，这也是对于《法式》的拓展，《法式》是没有多层建筑的相关图版的，但这些图《鲁班经》都没有收入。《鲁班经》的特点是内容比较完整，我们可以通过它了解古代匠师的业务职责和范围；也可以了解工程过程中涉及的很多问题，如程序、仪式等，以及行规，比如施工要先从后步柱开始，而不是从前面第一排柱子开始，再比如入仓必须脱鞋等。从范围上考察，《鲁班经》对研究

图1-7　《明鲁般营造正式》（浙江宁波天一阁藏本），上海：上海科学技术出版社，1988年.

图1-8　北京提督工部御匠司司正午荣丛编，局匠所 把总 章严 全集，南京御匠司司承周言校正，《鲁班经》（万历本）.

图1-9　姚承祖原著，张至刚增编，刘敦桢校阅，《营造法原》，北京：建筑工程出版社，1959年.

东南诸省古代民间建筑经验是有启示作用的；此外，《鲁班经》最有价值的是关于家具和常用工具的记载，对于我们研究明代民间生活器具和常用家具很有用。

（二）《营造法原》

接下来介绍民国以后开始整理完成的**《营造法原》**（图1-9）。我之所以将出现在南方的这三本书连起来介绍，是想说明《法式》的营造概念，在南方是有着传承体系的，尽管其指导建造出来的建筑样式相较《法式》差异较大。这个问题以后我会略加阐述。

《营造法原》是记述江南地区建筑传统做法的一本专著。我们现在看到的大多是第二版。此书的编撰过程大致是这样的。我们看到书封面上写着"原著姚承祖"，为什么这么写呢？因为《营造法原》的初稿是**姚承祖**（1866—1938，字汉亭，号补云）编写的。当时姚承祖在**苏州工业专门学校建筑工程系**（东南大学建筑系的最早前身，也是中国最早的建筑工程系）讲课，他根据家藏秘籍和图册，加上自己的实践经验，编写了《营造法原》初稿的讲义。后来姚承祖认识了同在苏州工专任职的刘敦桢先生，1932年刘先生将这本书介绍给中国营造学社社长。由于初稿所依据的是姚氏家传秘籍《**梓业遗书**》（系姚承祖的祖父姚灿庭完成），图很少且没有尺寸和比例，很难看懂，再加上朱启钤先生读后发现其中很多术语和北方清代官式叫法不同，于是刘先生找到**张镛森**（1909—1983，字至刚，1954—1965年担任过南京工学院——东南大学前身的建筑系副主任，其时刘先生任正主任），因为张先生是苏州人，所以刘先生决定由他来补充和完善这部书稿。张先生做的工作是非常重要的，他用现代工程图法进行苏州古建筑测绘，按比例绘成图版，以实物测绘补充原书。他花了大概十年时间遍访苏州寺观园林等建筑，做了大量测量工作，订正了原书中的很多讹误。这些讹误主要是因方言导致的，比如有种油漆做法叫"罩亮"，可能按苏州口音读起来就是"sháo liàng"吧，所以在《梓业遗书》里写的是"搔亮"；再比如"叠木"，原书里就写成"夺木"，也是因乡音所致；类似的如榫头的"榫"，按民间写法写成了竹笋的"笋"……像这一类的讹误，张先生都订正得非常好。所以我们看到封面上面写着"原著姚承祖，增编张至刚，校阅刘敦桢"，这就是成书的基本过程，在《营造法原》"跋"里，刘敦桢先生对此有记载（图1-10、图1-11）。

这本书的体例和《营造法式》不同，共分十六章。第一章是地面总论；第二章是平房、楼房大木作总例；第三章是提栈总论；

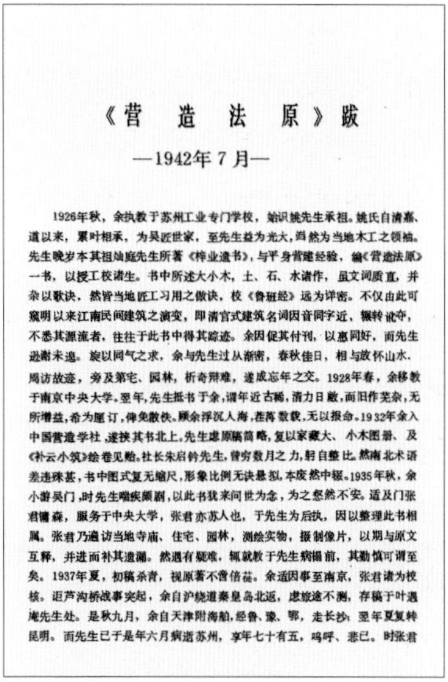

《营造法原》跋

—1942年7月—

1926年秋，余执教于苏州工业专门学校，始识姚先生承祖。姚氏自清嘉、道以来，累叶相承，为吴匠世家，至先生益为光大，蔚然为当地木工之领袖。先生晚岁本其祖灿庭先生所著《梓业遗书》，与平身营建经验，编《营造法原》一书，以授工校诸生。书中所述大小木，土、石、水诸作，虽文词质直，并杂以歌诀，然皆当地匠工习用之做诀，校《鲁班经》远为详密。不仅由此可窥明以来江南民间建筑之演变，即清官式建筑名词因音同字近，辗转讹夺，不悉其源流者，往往于此书中得其踪迹。余因促其付刊，以惠同好，而先生逊谢未遑。旋以同气之求，余与先生过从渐密，春秋佳日，相与放怀山水，周访故迹，旁及第宅、园林，析奇辩难，遂成忘年之交。1928年春，余移教于南京中央大学。翌年，先生抵书于余，谓年近古稀，精力日敝，而旧作芜杂，无所增益，希为厘订，俾免散佚。顾余浮沉人海，荏苒数载，无以报命。1932年余入中国营造学社，遂挟其书北上。先生虑原稿简略，复以家藏大、小木图册、及《补云小筑》绘卷见贻。社长朱启钤先生，曾穷数月之力，躬自整比。然南北术语差违殊甚，书中图式复无缩尺，形象比例无诀悬拟，本废然中辍。1935年秋，余小游吴门，时先生啮疾颇剧，以此书犹来问世为念，为之愁然不安。适及门张君镛森，服务于中央大学，张君亦苏人也，于先生为后执，因以整理此书相属。张君乃遍访当地寺庙、住宅、园林，测绘实物，摄制像片，以期与原文互释，并进而补其遗漏。然遇有疑难，辄就教于先生病榻前，其勤慎可谓至矣。1937年夏，初稿杀青，视原著不啻倍蓰。余适因事至南京，张君请为校核。讵芦沟桥战事突起，余自沪绕道秦皇岛北返，虑旅途不测，存稿于叶遐庵先生处。是秋九月，余自天津附海船，经鲁、豫、鄂，走长沙，翌年夏复转昆明。而先生已于是年六月病逝苏州，享年七十有五，呜呼、悲已。时张君

图1-10　《营造法原》跋第1页，《刘敦桢文集》第三卷，北京：中国建筑工业出版社，1982年.

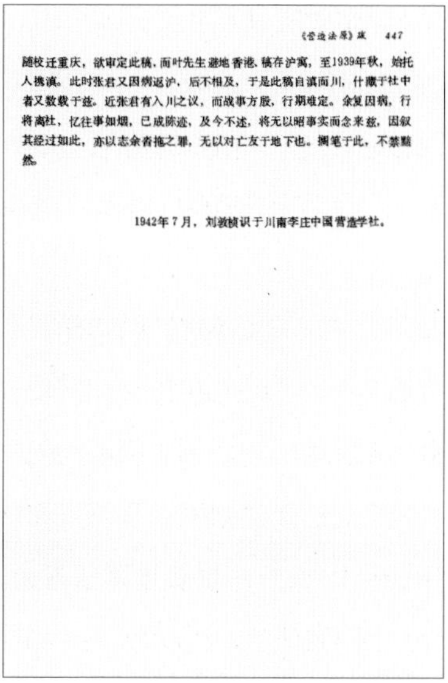

《营造法原》跋　447

随校迁重庆，欲审定此稿，而叶先生避地香港，稿存沪寓，至1939年秋，始托人携滇。此时张君又因病返沪，后不相及，于是此稿自滇而川，什藏于社中者又数载于兹。近张君有入川之议，而战事方殷，行期难定。余复因病，行将离社，忆往事如烟，已成陈迹，及今不述，将无以昭事实而念来兹，因叙其经过如此，亦以志余者拖之罪，无以对亡友于地下也。搁笔于此，不禁黯然。

1942年7月，刘敦桢识于川南李庄中国营造学社。

图1-11　《营造法原》跋第2页，《刘敦桢文集》第三卷，北京：中国建筑工业出版社，1982年.

第四章是牌科；第五章是厅堂总论；第六章是厅堂升楼木架配料之例；第七章是殿庭总论；第八章是装修；第九章是石作；第十章是墙垣；第十一章是屋面瓦作及柱基；第十二章是砖瓦灰沙纸筋应用之例；第十三章是做细清水砖作；第十四章是功限；第十五章是园林建筑总论；第十六章是杂俎。我个人理解这本书所表达的学术意义为：第一，比较有地方特色，像牌科、园林、做细清水砖作等，是江南比较突出的建筑与做法。第二，在内容上对《法式》有继承，如前三章就是讲建筑从“地面—屋身—房顶”的过程，《法式》的基本思路也是从建造过程论述的；又如第九章至第十四章，基本是《法式》涉及的做法范围，顺序也基本一致。第三，在编排上，

结合建筑实际对《法式》有拓展，我注意到，第五、六章是论述"厅堂"种种及做法；第七、八章是论述"殿堂"涉及的大木作和小木作，是阐述作为不同类型的建筑的整体做法连接的，这点很有意思。此外，有了建筑类型的概念，也和《法式》思路不一样。

（三）《工程做法则例》

研究清代官式建筑，便要学习《工程做法则例》，以及其与《清式营造则例》（梁思成主编）的关系。

《工程做法则例》是清雍正十二年（1734 年）颁行的一本官书（图 1-12），原书封面书名为《工程做法则例》，而中缝书名为《工程做法》，所以经常会有不同说法，但其实是一本书，它是继宋代《营造法式》之后官方颁布的又一部系统全面的建筑专书，共 74 卷。它的特点是按大式建筑和小式建筑划分内容，全书共列

图 1-12   《工程做法则例》，翻印于清
雍正十二年（1734 年）武英殿刻本.

举了 37 例单体建筑（大式 23 例，小式 14 例）的大木做法，并对斗栱、装修、石作、瓦作、铜作、铁作、画作、雕鸾等的做法、用功用料都做了规定。该书应该是对北方明代以来形成的官式建筑做法的总结和对后来大型建筑工程的指导性文本。

如果进行文本研究，探讨它与《法式》、与南方明代营造文本的关系，以及它形成之后对于《营造法原》体例的影响等，将是一篇大文章，这里就不一一阐述了。之所以学习宋代《营造法式》，我要枚举这些书，主要不是让同学们在里面找图、找差异，而是告诉大家，如果要深入研究《法式》，它们都是有关联的。另外，目前我们所认知的南北方古建筑的差异，其实不是一个可以完全割裂的片段和分区，历史、技术、文化、人物、文献，来来往往，甚是有趣。

（四）其他参考书

包括：《营造法式注释》（卷上）（梁思成，北京：中国建筑工业出版社，1983 年）（图 1-13）、《〈营造法式〉解读》（潘谷西、何建中，南京：东南大学出版社，2005 年）（图 1-14）、**清式营造则例**》（梁思成，北京：中国建筑工业出版社，1981 年）（图 1-15）、《**工程做法注释**》（王璞子，北京：中国建筑工业出版社，1995 年）（图 1-16）等，这里不一一详解。我只想说明一点，这些研究性著作都有一个显著特征：以实物为标本、以史书为秘本、以阐释为目标，用科学的方法、量化的工作、形象的表达，衔接了我们学习古典文献与建筑学之间的差异，为深入揭示古典建筑技术专书的价值，作出了重要贡献。

图 1-13　梁思成,《营造法式注释》
（卷上）,北京: 中国建筑工业出版社,
1983 年.

图 1-14　潘谷西、何建中,《〈营造法式〉
解读》,南京: 东南大学出版社,2005 年.

图 1-15　梁思成,《清式营造则例》,北京:
中国建筑工业出版社,1981 年.

图 1-16　故宫博物院古建部王璞子,
《工程做法注释》,北京: 中国建筑
工业出版社,1995 年.

九、尺度概念

最后，我谈一下学《法式》必须建立的尺度概念。因为我们在看古典文献时，无论是城市还是建筑，都涉及尺度及数字单位，但同学往往建立不起实际的概念。我建议大家分三步走。

第一，基本换算要了解。（1）中国古代制度中的**丈、尺、寸、分**，主要是十进位制，一丈等于十尺、等于一百寸、等于一千分（但1寸是否等于10分，是有不同说法的，唐代1分 =1/4 寸；宋代1分 =1/4 或 1/2 寸为常用；明代1分 =1/4 寸等）；（2）我们看文献，有时会说到"尺""寸"，有时说到"步""里"，依我个人的经验，无论描述城市、建筑，还是细部的尺寸，最好都先换算成尺，再将尺换算成公制米，这样就能对古代事物建立起一个现代的尺度概念。古代每**步**（大概左腿一步加上右腿一步走的长度）合六尺时，一里合三百步；每步合五尺时，一里合三百六十步，也即是说，一**里**等于一千八百尺。所以无论碰到"里""步""寸"还是"分"，都先换算成尺，当然要对应不同朝代的度量衡。

第二，历代每尺折合公制表可以查（表1-1）。这里所谓的"历代"并非指严格按社会发展划分的朝代，有的朝代中间有改革，就会出现新的度量衡，比如汉代王莽时期就有自己的制度。从中国漫长的封建社会发展来看，总的趋势是早期尺制小，越往后每尺折合的米数越大，至宋明清时期已比较接近现代的尺。

尺制换算　　　　　　　　　表 1-1

朝代或时期	每尺折合公制（米）
商	0.169
战国	0.227 ~ 0.231
西汉	0.230
新（王莽）	0.231
东汉	0.235 ~ 0.239
三国（魏）	0.241 ~ 0.242
晋	0.245
宋	0.245 ~ 0.247
南朝	
梁	0.236 ~ 0.251
北魏	0.255 ~ 0.295
东魏（北朝）	0.300
北周	0.267
隋	0.273
唐	0.280 ~ 0.313
宋	0.309 ~ 0.329
明	0.320
清（公元 1840 年以前）	0.310 ~ 0.320

　　第三，每个同学要了解自己的身体尺度。比如我在野外考察度量时，两脚之间基本上 70 厘米，这样了解一个大殿或者一个建筑的开间和进深等，基本可以建立起真实的尺度概念。同时也包括手摸高度、手的"虎口"距离等，都要自己熟知。那么第一讲后的一个小作业，就是下楼从我们中大院中心线走到大礼堂的中心线，用你的步数测量出实际距离。

第二讲

壕寨和石作

从这节课开始，我们正式开讲宋《营造法式》。

我讲这门课的原则是先从做法出发，注重细部做法和构造的地道，最后讲大比例的设计关系，最终目的是要对宋代建筑有完整的理解。前面我们说到在对古典建筑的学习中，是否地道十分重要，细部做法的地道关键是构造，而且要理解原理；而大比例的掌握，侧重讲设计程序及关系。关于《法式》的释名，我们在具体讲课过程中加以阐述。另外，《法式》包含的内容是非常宽泛的，我们讲课的体例基本上按照《法式》目录展开。我理解《法式》主要不是为设计而为，所以没有总体设计的内容——在这方面中国古代建筑其实有很高的造诣，而《法式》对建筑单体涉及的工程有全面的阐述。当然建造的最开始就是建筑定位、基础这些土方工程，以及木构建筑下部的石作内容，也就是今天要讲的壕寨和石作部分，其中石作也包括一些我们今天概念中的小品和城防工程。

一、壕寨

壕寨相当于今天的地面以下需要开展的建筑基础部分。首先讲这部分内容，是因为《法式》的价值之一就是围绕工程的建造顺序呈现出有序而科学的完整过程。

（一）仪器

壕寨中首先谈到仪器、基础和墙等，这些都是中国古代建筑营建过程中必然遇到且需要加以把握的内容。

《法式》中有"景表"和"水平"仪器的图示，**"景表"**

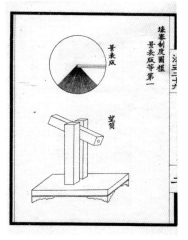

图 2-1　景表
来源：《李明仲营造法式三十六卷》，民国十八年十月印行（1929 年 10 月）卷二十九．

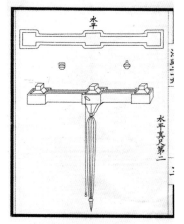

图 2-2　水平
来源：《李明仲营造法式三十六卷》，民国十八年十月印行（1929 年 10 月）卷二十九．

类似于今天的经纬仪（图 2-1），"**水平**"相当于今天的水平仪（图 2-2），从中我们可以了解宋代技术是十分发达的。仪器何用？就是在建筑建造之初放线必须要用到的。仪器操作主要为两方面：一是**取正**，即今天的定方位，经纬方向多少度可以确定下来；二是**定平**，即定水平高程。可以看出，尽管世事变迁，建筑的发展也经历了很多变化，但从建筑施工的过程来看，这些基本程序并没有发生很大的改变。

（二）基础

在中国古代建筑中，**基础**（包括地基和基台内芯）非常重要，它是架起整个建筑的最基本部分。在《法式》中，主要谈了两种基础。

　　第一种是**一般性的基础**，在宋代主要就是用碎砖、瓦片、碎土层层夯筑而成。这种方法在建造木构建筑甚至砖石建筑的系统中，古今没有太多变化，至少在宋代之后的古代没有什么变化，这种基础也可以做到非常坚硬的程度。如 2007 年在南京金陵大报恩寺琉璃塔进行考古发掘时，就看到了这样的基础，当时我们认为明代南京已有大量的砖石建筑，所以先验地认为基础是砖石的，之后一直在现场跟踪是否挖到砖石基础，但后来确认那个非常不同于周边土壤的夯筑而成的部分就是塔的基础，现场看到它十分坚硬，考古工人镐铲难入，甚至用刨子都刨不动，硬到刀刃不入的程度。文献载"全寺基地，悉用木炭作地，其法先插木桩，然后纵火焚烧，化为烬碳，用重器压之使实。因是地质不复迁变，方受重量建筑"[1]（图 2-3），虽然现场看到土呈红色，但是对这段话的原理尚不甚清楚。2019 年我进行第 11 届江苏省园博园

图 2-3　江苏南京金陵大报恩寺考古发掘的地基红色夯土（20071029）

① 张惠衣撰，杨献文点校．金陵大报恩寺塔志：南京稀见文献丛刊 [M]．南京：南京出版社，2007，卷首图片说明．

城市展园规划和设计工作，因其基土多为渣土，需思考如何改良使
之成为可用的土层？一个偶然机会我碰到华南理工大学建筑学院
的黄翼老师，言谈中知道她正在香港进修开展关于生态修复的研
究，便请教她如何改良？她说："用活性炭可以改良，因为活性炭
进入土层后就会膨胀而坚实渣土。"我眼前一亮，不仅可以期待
实际工程有效开展，而且迅速理解了文献记载大报恩寺基地采用
炭烧木桩的原理，就是活性炭的概念，可以改良土壤性质。而经
过考古发现，大报恩寺地宫实际上是北宋时期的地宫（图2-4），
大报恩寺琉璃塔是明代时期在宋代地宫上的重建。也就是说，从
宋代到明代的高层建筑——塔，都是沿用这种坚硬的基础，很有
价值。在大报恩寺北画廊遗址的考古断面，还可以看到明代画廊
下（或者宋代就有的地基）一般基础的做法，大概30厘米一层夹
石，共10层，其余为夯土（图2-5），解决了基地北侧地形较低

图 2-4　江苏南
京金陵大报恩寺北
宋地宫发现过程
（20080718）

图 2-5　江苏南京金陵大报恩寺北画廊遗址地基断面（20130701）

图 2-6　江苏扬州宋大城遗址北大门水门护壁桩基（20090821）

图 2-7　江苏扬州北城遗址北水门河道护壁木桩（20090821）

（有考古到北宋建筑面层）和塔所在地的地形高差问题。而土层中含有碎砖、瓦、石，或许还有石灰，基本为宋代常见的地基做法。尽管实际工程中可能有许多更有可操作性且有创意的做法，如"木炭作地"，可惜并没有记载在《法式》中，因为它只是具备通用性的文本。

　　第二种是临水的垂直壁岸或护坡，在水体或者湿地，用打桩法设桩（《法式》中写作"**椿**"）。这类基础在《法式》中称为"**马头**"，大多数桩是木头的，但要经过处理，先在桐油中浸泡及后期

图 2-8　四川成都城中心南宋
遗址中的木桩（20170409）

处理，在水中可以防腐。其中用石头做桩的叫**"地钉"**。"马头"
的做法在扬州宋大城北大门考古遗址（图 2-6、图 2-7）、成都城
中心南宋遗址（图 2-8）、南京清代愚园（胡家花园）清理愚湖东
岸和北岸（图 2-9）中都可以看到。但古代这种木桩一旦不被水淹
没而暴露在空气中就很容易腐烂，所以保护时采用覆盖方式而多见
不到原状，如扬州宋大城遗址北门是有水门的，目前水体驳岸的桩
基在考古现场看不到了，保护时将遗址重新注入水体以保护桩基。
不过大家可以在南京六朝博物馆中看到更早的桩基遗物（图 2-10）。

图 2-9　江苏南京愚园（胡家花园）考古的临湖平台桩基（20090924）

图 2-10　江苏南京六朝博物馆藏木桩，推测为桥梁的桩柱或用以加固和承重的基桩

可以证实，《法式》记载的桩基做法，其实是更久远的古老做法，如楚都纪南城的勘查与发掘便证实其南垣水门下基础采用桩基（图2-11），南京城南门西考古发掘的唐代建筑遗址及水体驳岸基础也用木桩桩基（图2-12、图2-13），南京明代宫城午门下方基础也是采用此法（图2-14），与文献记载的南京宫殿填燕雀湖进行建设可互为印证。可见桩基一脉相承，是应对水域环境或软土或渣土

图2-11 湖北纪南城南垣水门下木桩
来源：湖北省博物馆.楚都纪南城的勘查与发掘（上）[J].考古学报，1982（3）：图版拾肆.

图2-12 江苏南京城南门西考古发掘的唐代木桩沿水边的情况（20140318）

图 2-13　江苏南京城南门西考古发掘唐代建筑遗址的木桩（20140318）

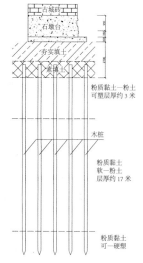

图 2-14　江苏南京明代宫城午门下方的桩基础
来源：南京市文物研究所．南京午门维修工程报告 [M]．郑州：大象出版社，2009：52．

进行建设的常见基础做法——将桩打到持力层，在思路上和我们今天的桩基设计没有二异。如果大家和古人有同理心，就很容易理解。

（三）墙

基础之后和土方工程有关的就是墙，因为宋代时候大量用的是土墙，所以将它放在相当于土方工程类中讲解。从类型而言，墙大致有以下几种。

第一种是**筑墙**，处于屋檐下，一般是建筑的围合界面的墙，其高宽比有一定的规定，相对当时其他土墙断面较为瘦高（图2-15），主要用在山墙和前后檐墙。如果土墙下部以砖砌，尤其用在窗槛下方较多，就叫**隔减**，"减"应是谐音"碱"之用，隔减就是阻隔泛碱。"筑墙制度皆以高九尺厚三尺为祖。"（《法式看详·墙》：七页）

第二种是**抽纤墙**，主要是一些宽大高耸的墙，如城墙。由于过去用的是夯土，一旦墙砌得高，强度就会出问题，所以就有了夯土中加纤木的抽纤墙，这就像今天在混凝土里加钢筋一样，一般每筑高5米横施一纤木，横木两头再夹以纵木（图2-16）。在南京集庆门段考古时，我随潘谷西先生去现场，看到了元代城墙中的纤木，十分难得（图2-17）。

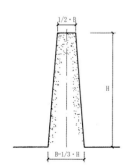

图2-15　筑墙（在屋檐下）
来源：潘谷西，何建中.《营造法式》解读 [M]. 南京：东南大学出版社，2005：206.

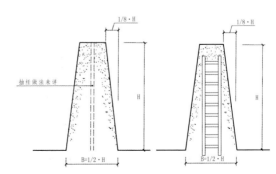

图2-16　抽纤墙1
来源：潘谷西，何建中.《营造法式》解读 [M]. 南京：东南大学出版社，2005：206.

抽纤墙2
底图来源：潘谷西，何建中.《营造法式》解读 [M]. 南京：东南大学出版社，2005：206.

图 2-17　江苏南京集庆门附近城墙内部为元代抽纴墙

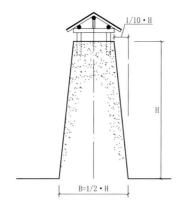

图 2-18　露墙
底图来源: 潘谷西, 何建中.《营造法式》解读 [M]. 南京: 东南大学出版社, 2005: 206.

　　第三种是**露墙**, 即露天的院墙, 它的特点是厚、收分比较大, 底部宽度和高度之比可以做到 1 ∶ 2(图 2-18), 而一般筑墙只做到 1 ∶ 3, 抽纴墙也做到 1 ∶ 2。这些不同的尺度比例, 实际上是和一定的功能需求相适应的。由露墙延伸而来的露篱、围合形成的露地, 已经成为日本庭院之茶庭的一种代名词, 主要有厚矮的院墙, 土筑的墙体上有简木支撑覆顶, 可以排水。宁波阿育王寺庙院墙以及日本多见的庭院墙体可窥一斑。

二、石作

以上讲的是壕寨，下面讲石作。石作为什么放在这部分？我的理解就是基础之上、大木作之下，都多与石作有关。在讲解和具体建筑建造相关的石作构造之前，我先介绍一下石作的工序以及和石作装饰相关的雕镌制度，这既牵涉对于施工的理解，也牵涉用工用料的经济核算。

（一）工序

石作的工序，主要分为六个步骤：

第一道工序是**打剥**，就是用錾子把采来的石头的高凸部分剥去，使石块大致平整。

第二道工序是**粗搏**，这个"搏"和"剥"不同，是用錾子进一步将深深浅浅的表面凿得更平整一点，应该是相对"剥去"更细致一点的工活。

第三道工序是**细漉**，也许是在湿水状态下进一步加工平整的方式。

第四道工序是**褊棱**，就是用褊錾子把所需石料的形状边棱处理后凸显基本轮廓。

第五道工序叫**斫砟**，一共进行三遍：横一遍、竖一遍、再横一遍，我理解像手工剁肉一样的工序，横剁剁、竖剁剁、再横剁剁——肉末比较有嚼劲，这时石块经过斫砟已经非常有质感了。现在斩假石也是这种做法，在水泥砌筑的花台或者东南大学中大院门口的停车道上，我看到工人也是这样做的，最后有些石头的质感。

最后一道工序叫**磨礲**，就是用砂纸进一步磨光，我理解主要为除去浮灰。

经过这些工序，石块就可以直接拿来作为素平的石料，或者再在上面雕镌花纹了。

补充说明一点：在宋代，北方中原一带主要用的是砂石和石灰石，没有用到花岗石；而在南方，福建有唐代的碑用了花岗石。而且，在北方，我们只知道有石塔、石桥用了花岗石，木构建筑中用得非常少。所以这种做法应该是有一定区域限制的。

（二）雕镌

进行完上述石料加工的程序后，如需要**雕镌**，便可进行。

在《法式》中，雕镌制度分为四种。这四种制度既是对前代的总结，同时也对后世产生了很大的影响。

第一种是**剔地起突**，相当于今天的高浮雕。剔，深也，剔地起突就是把纹样的图底深深地去掉，使花纹凸显，凸显的尺寸可以是 5 厘米～10 厘米。现存最早的用剔地起突做法的遗物要早于宋代了，如五代石刻（图 2-19、图 2-20），这是非常有表现力的一种做法。

第二种是**压地隐起**，"压"的程度相对于"剔"温柔许多，相当于我们今天概念中的低浮雕。压，就是浅浅地把底子去掉一层，一般深度在 0.5 厘米～2.3 厘米之间。汉代建筑构件或者六朝石刻中常用这种做法，在南京甘家巷的萧景墓表中既有高浮雕也有低浮雕的做法（图 2-21）。

第三种是**减地平钑**。钑，即单线勾刻的意思，刻得深约 1 毫米，

图2-19 江苏南京栖霞寺舍利塔（五代）
（20111113）

图2-21 江苏南京甘家巷萧景墓表（六朝）（20100129）

图2-20 江苏南京栖霞寺舍利塔（五代）塔基雕刻（20111113）

图 2-22　山东曲阜孔庙大成殿山面
檐柱石雕的压地隐起和减地平钑共用
作法（清代）（20160715）

像曲阜孔庙大成殿山面的柱子部分用的就是减地平钑做法（图 2-22），
但图案细节上加了刻线。而正面的石作龙柱是立体的，用剔地起突法，
这使得其正面和山面有所区分而主次分明（图 2-23）。

　　第四种是**素平**，关于素平有两种看法：一种是潘谷西先生认为
的——素平就是不刻花纹，磨光即可；另一种是清华大学郭黛姮和
徐伯安两位先生的观点，他们认为素平是指一种表面有细如游丝的
线刻做法。郭先生和徐先生观点的依据是：看到宋代实物中有这种
做法，却找不到与之相应的名称记载。但是潘先生认为，实物中至
少还有四种《法式》没有提到的做法。如此看来，以上分歧可能不
是实质性的矛盾。

图2-23　山东曲阜孔庙大成殿转角可见正面和侧面柱子雕刻的变化（20160711）

　　那么，还有哪四种呢？第一种是**圆雕**，比如有的龙柱，整个龙就是雕刻出来的，柱是镂空的，曲阜孔庙大成殿前檐柱子上局部石雕也属于圆雕，如龙须、龙尾和大成门檐柱的龙身（图2-24）。第二种是**实雕**，就是依纹样的轮廓线斜铲下去，把底去掉，而纹样表面是平的。第三种是**平钑**，潘谷西先生认为的平钑就是清华大学两位先生认为的素平的做法，是很细的线雕。第四种是**透雕**，像牌坊上的华版，前后是透空的。这些做法我们在实物中都有发现，虽然我举例的并不完全是宋代的建筑，但《法式》没有提到，可以说，《法式》记录的也只是一些具有代表性的做法而已。

图 2-24　山东曲阜孔庙大成门檐柱石雕（清代）（20160711）

（三）柱础

　　石作大量用在建筑的台基及柱础部分，也正是有了这些部分，木结构建筑才能保持久远。

　　首先谈**柱础**。柱础的发展经历了一个漫长的过程。至少在宋代还是有和柱子直接连接的部分是**櫍**，櫍是木制的，横向纹理，和柱子的纵向纹理不同，所以起着防水隔离的作用。这个部分后来改成石制的，相应地，名称也改成石字旁的"**礩**"。在柱子和櫍的下面是石作部分，一般依次为**盆唇**（上下交接的边形部分）——我理解也真实看到过这种做法：将柱脚和柱础主体连接处封锁的做法，之所以曰"盆唇"，是其下部发展成为一种形式——**覆盆**（宛如倒过来的盆）。再下面是一块下方无需仔细雕琢的**方石**——方石上皮和周边的铺地相连，下方为夯实的土层（图 2-25）。其中进行装饰变

化最多的部分是覆盆，宋代常见的覆盆雕饰有五种：第一种是铺地
莲，就是满铺的莲花；第二种是宝装莲，像宝装花一样，花瓣带卷；
第三种是仰覆莲，花瓣一瓣向上、一瓣向下；第四种是花卉类，如
牡丹花等；还有一种是素覆盆，没有任何雕饰（图 2-26）。这种覆
盆雕刻莲花在唐代经幢柱础中应用普遍（图 2-27），在江南古刹角
直保圣寺存有唐代经幢、宋代柱础，还可以看到各种雕法及宝装莲花、
牡丹写生花、铺地莲花等宋代雕刻花纹（图 2-28 ～图 2-32）。

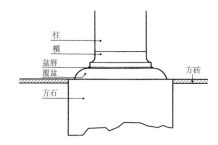

图 2-25　柱础
底图来源：潘谷西，何建中.《营造法式》解读 [M]. 南京：东南大学出版
社，2005：194.

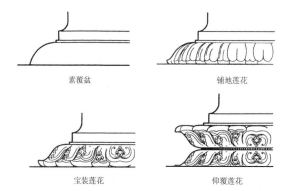

图 2-26　柱础覆盆形式
底图来源：潘谷西，何建中.《营造法式》解读 [M]. 南京：东南大学
出版社，2005：195.

图 2-27　山西五台佛光寺唐代经幢（20240712）

图 2-28　江苏甪直保圣寺唐代经幢雕刻（20160613）

图 2-29　江苏甪直保圣寺唐代经幢铺地莲及下部宋代柱础（20160613）

图 2-30　江苏甪直保圣寺存宋宝装
莲花柱础（20160613）

图 2-31　江苏甪直保圣寺存宋
牡丹写生花柱础（20160613）

图 2-32　江苏甪直保
圣寺存宋铺地莲柱础
（20160613）

（四）门砧、门陷（限）

其次，和木构相关且是石作的部分有门砧、门陷（陷即限）。**门陷**就是今天的门槛，有限制内外的作用；**门砧**就是大门门框下的石墩子，上面开轴眼，以使门扇能够沿轴开启。《法式》中画的一种是死门槛（图 2-33）——门陷固定在门砧上。还有一种是活门槛（图 2-34）——门陷是可以拿下来的，这样就产生了金口之类的做法。所谓**金口**，就是门砧石上的一道光滑的凹槽。我在皖南看到过门槛可以方便拿下来的构造，和《法式》表达的没有二致；在江苏扬州，我也发现了这种做法的保留；在江南民间，一直到今天，亡人的棺材在搬动时，家人要同声说"移金口"以取吉利，我估计和《法式》记载的活动石陷的这个功能——出棺时将门槛取下来——有着功用和习俗上的联系。

那么整个门砧包含几部分呢？概括说来，一是**立株**；还有立株下面的**卧株**；如果放活的门陷，立株上还要刻金口；另外，门砧上面要有一轴眼。这部分都是与门的作用和设置有关的。需要强调的是，门砧相关的立柱，不是结构之用的柱子——大木之柱和下方的柱础相联系，而这枚立柱是确定开门大小的门洞之柱。

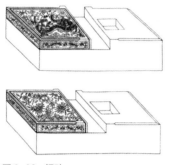

图 2-33　门砧
来源：李诫 . 营造法式（陶本）[M]. 上海：
商务印书馆，1929：卷二十九石作图样 .

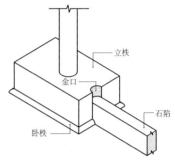

图 2-34　活动门陷与门砧石和立柱关系

（五）台基

台基是介于地面和木构建筑中间的部分，必不可少。在宋代，台基内部可以是夯土的，夯土层表面——**台面**（上方）和侧面可以砌砖，但周边一圈及转角部分一般都是用石头做的，分别叫**角石、角柱**以及**阶条石**（也称为**压阑石**）（图 2-35、图 2-36）。阶条石沿台基周边布置，每块尺寸大致是 2 尺 ×3 尺。如果阶条石下不是砌砖承重，就需要石材搭起结构，而因天然石材不可能很长，所以每块阶条石下方便有承托的柱子，角石下面有角柱，阶条石之间下有短柱（蜀柱），柱下方还有埋入地下的**土衬石**，相当于地栿——地梁。潘谷西先生的图表达的是台基砌砖与石作的关系，梁思成先生画的是整个台基用石材架起的结构框架（图 2-37、图 2-38）。总之，台基上的石作起着一种加强角部及边缘并联系、稳定整体结构的作用。

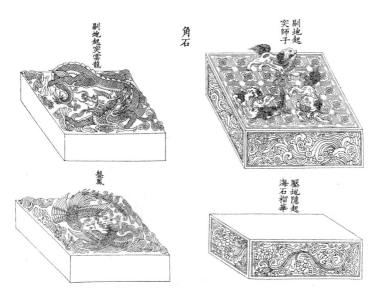

图 2-35 角石
来源: 李诫. 营造法式 (陶本) [M]. 上海: 商务印书馆, 1929: 卷二十九石作图样.

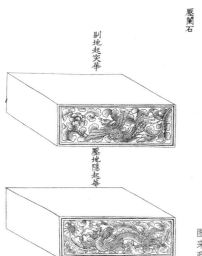

图 2-36 压阑石
来源: 李诫. 营造法式 (陶本) [M]. 上海:
商务印书馆, 1929: 卷二十九石作图样.

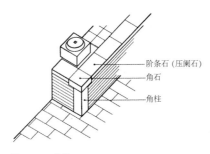

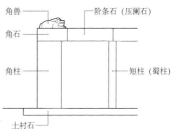

图 2-37　台基
底图来源：潘谷西，何建中.《营造法式》解
读 [M]. 南京：东南大学出版社，2005：200.

图 2-38　台基
底图来源：梁思成. 营造法式注释（卷
上）[M]. 北京：中国建筑工业出版社，
1983：234.

（六）踏道、慢道、阶基

　　和台基有关的还有踏道、慢道、阶基等，这些部分通常是连在一起的。宋代有一种很突出的做法——踏道的侧面砌成象眼（图 2-39），所谓**象眼**，就是将踏道侧面之三角形部位用顺边的石条砌成层层内凹的做法。明代初期的石作，如明孝陵中可看到象眼的做法（图 2-40），这和明初政治主张及在建筑上全面复古是有关系的。武当山的官式建筑中也还可以看到象眼，这或许和武当山建筑多为明成祖朱棣时期将南京官兵发配去建设有关，是一种传承和沿袭。即使到了清代，曲阜孔庙大成门前的踏道外侧仍然可以看到象眼的做法遗痕，只是不是石条呈三角形拼砌，而是刻出线脚而已（图 2-41）。踏道两边的垂带石在宋代叫**副子**（图 2-42）。**踏道**就是台阶，等级高的台阶中间有斜坡道，即**慢道**，一般上面会雕刻纹样；如果是宫殿的慢道，上面用剔地起突雕成云龙纹样，叫**御道**（图 2-43）。御道一般人

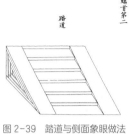

图 2-39　踏道与侧面象眼做法
来源：李诫.营造法式（陶本）[M].上海：商务印书馆，1929：卷二十九石作图样.

图 2-40　江苏南京明孝陵祾恩殿台基与阶基——侧面象眼做法（20140223）

是不能走的，皇帝上朝时这御道也应该不是自己走上去，估摸着是他的身体被别人用轿子抬起从御道穿行而过吧。北京故宫文华殿的御道云纹作为主题十分突出，周边采用的缠枝花也和宋代的一脉相承（图 2-44）。甚至在近代有些纪念性建筑中也还用御道以示庄重，如南京灵谷寺灵谷塔是为纪念阵亡将士建造的，其台基也用御道，只是不使用石材，材质应该是水泥，但采用的山海云日以及花纹主题均来自古典样式（图 2-45）。另外多说一句，虽然和木构建筑单体无关，在都城的宫殿中，中路的中轴线路尤其是上朝的道路也称为**御道**或者**御路**，甚至延伸到大型庙宇的建筑中轴线路上的石材铺地，也习称为御路，一般是用大块的石料铺成，在南京明故宫和南京大报恩寺遗址中均可以看到这样的大料，宽有 2m 左右（图 2-46、图 2-47），上有凿痕。

图 2-41　山东曲阜孔庙大成门前台阶外侧象眼表达（20160711）

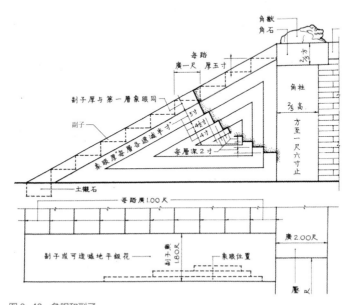

图 2-42　象眼和副子
底图来源：梁思成.营造法式注释（卷上）[M].北京：中国建筑工业出版社，1983：234.

图 2-43　北京故宫太和门御
道（20220319）
来源：黄居正拍摄.

图 2-44　北京故宫文华殿御
道（20140211）

图 2-45　江苏南京灵谷寺灵谷
塔御道（20190103）

图 2-46　江苏南京明故宫午门门道及其北
侧的御道（20111216）

江苏南京明故宫御道细节（20240829）

关于**阶基**，也可以说是石作或者砖作台基的另一种说法（图2-48），它们在建筑类型或者材料上是否有区别，我尚没有仔细推敲过。阶基有两种不同砌法：一般高度不高的阶基，可以用细垒的方法，用砖再加上阶条石、角石、角柱等砌起来，即一般台基做法；而旷野地带的台榭，或城墙外侧，阶基可能会高到一丈甚至几丈，如果用石头砌，往往底部会用粗垒的做法，形成比较大的收分，上部再平砌，可以南京中华门（明聚宝门）和东水关作为局部案例（图2-49～图2-51）。

图 2-47　江苏南京金陵大报恩寺御路遗址考古发现（左，20091025）；江苏南京金陵大报恩寺御路遗址保护（右，20171123）

图 2-48　江苏南京金陵大报恩寺遗址考古发掘的宋代建筑阶基（20130702）

图 2-49　江苏南京中华门（明聚宝门）
（20160101）

图 2-50　江苏南京聚宝门下部用石块粗垒
（20160101）

图 2-51　江苏南京东水关砌体下部粗垒，
中部石块平砌，上部砖砌（20241231）

（七）勾阑

踏道、慢道、阶基等是联系地面到台面的部分，而**勾阑**进而为台面上的防护部分。自宋到清，勾阑形成了两种固定模式——**重台勾阑和单台勾阑**。所谓重台和单台，区别就在**华版**（花板谐音）部分，重台有两层华版，单台只有一层（图2-52）。我们学完勾

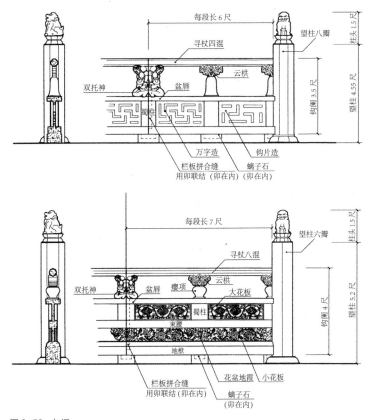

图2-52　勾阑
底图来源：潘谷西，何建中.《营造法式》解读 [M]. 南京：东南大学出版社，2005：201.

阑，应该做到随手就能画出来，这不是说要从形象上进行记忆，勾
阑的每一部分都是有其特殊功能作用的。边上是**望柱**，柱上有望柱
头，柱下有柱础，相当于转角立柱，有结构作用。柱和柱间有**栿杖**，
相当于今天的扶手。栿杖和扶手两个词都很形象，就是通常人手扶
着的部分，而前者更具有物质本体的表达和人体主动的意识，后者
表达的是功能。栿杖下是**撮项**，它的作用主要是承托和连接分段的
栿杖，因为宋代无论木制还是石制勾阑，都是一段一段自然材料加
工成的，不会很长。撮项下方是盆唇——华版的上沿，于是在栿杖
和盆唇之间就有一个个撮项。常见的撮项构件有云栱、斗子蜀柱、
如意花朵等形象。盆唇下面是华版——相当于我们今天的栏板，华
版的雕刻纹样在宋代最常见的有勾片造、万字板等（图2-53）。
再下面是**地栿**——承托上部结构的地梁。

　　这里同学们要注意：如果是室外的勾阑，就要考虑如何不阻碍

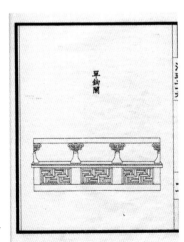

图2-53　单勾阑华版万字图案
来源：《李明仲营造法式》，民国十八年十
月（1929年10月）卷二十九．

台基排水，如果地栿落在台面上，可能地栿的局部会有排水孔，或者是用蟭子石把地栿架起来，让水从地栿下面排出去。

如此，有上人之功能的踏道、慢道，有防范人失脚的勾阑，有承托建筑的台基与高台之类的阶基，就构成了木构建筑下部的重要组成。从实用功能而言，台基是重要的稳定建筑及隔潮防水的基座；从设计角度而言，基座是显高示尊的必要手段和表达；从文化审美而言，高台基座便是一种尊严和等级至上的象征。

（八）叠涩座

叠涩座（法式中写作"坐"，此为采用现代中文用语表达对象的准确属性）台的常见做法，**叠涩座也叫须弥座**（图2-54），是相对比较高级的座台，可能最初就是佛的座台，来自于印度佛山须弥山之意，如唐代建筑南禅寺大殿内的佛像基座就是须弥座（图2-55）。叠涩座后来也用于高等级建筑，至明清更为普遍。**叠涩**是用砖或条石层层垒砌形成出挑或者外放的做法。叠涩座无论是用石还是用砖，在造型上没太大差别，从立面上看，主要分成三段：上部叠涩层层出挑；中部是一段**束腰**（很形象地表达出中部收紧的样子），有角柱、心柱及**壶门**——一种类似葫芦形的装饰性拱门或图形；下部是层层外放的叠涩。束腰壶门内的纹样往往表达出建筑的功能属性，如佛教的叠涩座壶门内会雕刻金刚力士、佛像、莲花等内容，如宫殿的则会雕刻龙凤等图案。早期的壶门有的也只是一种形状的表达，如佛光寺大殿内佛像基座下的壶门内为红色板壁，而南禅寺大殿中的须弥座是诸神像的整体座台，和《法式》描述的石叠涩坐极为相似（图2-56）。

阶基叠涩坐角柱

图 2-54　阶基叠涩座角柱
来源：李诫. 营造法式（陶本）[M]. 上海：商务印书馆，1929：卷二十九石作图样.

图 2-55　山西五台南禅寺大殿佛像
基座须弥座（20240712）

图 2-56　山西五台南禅寺大殿石质佛像基座为石须弥座（20240712）

（九）殿心石

建筑中用到石作的地方还有**殿内斗八**。这里的斗八和藻井无关，它是**殿心石**的做法：一般以 8 个相同的构件或图案（通常是几何形）向心组合而成（图 2-57）。现在南方如安徽采石镇采石矶公园李白堂和北方如陕西西安化觉寺清真寺均还保留着殿心石（图 2-58），并且作为文物被保护起来，尽管不似《法式》中的那么隆重，却也表达了中心的重要性。殿心石相当于大殿活动空间的重点，犹如当代饭店的大堂往往有一块特别贵的石材——如"印度红"——位于中心以示重要，其原理古今都是一样的。

图 2-57　殿心石
来源：李诫.营造法式（陶本）[M].上海：商务印书馆，1929：卷二十九石作图样.

图 2-58　陕西西安化觉巷清真寺省心楼殿心石（20241021，左）；安徽采石李白堂殿心石（20111127，右），现均被保护起来

（十）流杯渠

接下来我们讲一下流杯渠，它有时是建筑的一部分，有时是相对独立的园林工程。

流杯渠是汉晋文人举行曲水流觞活动以后逐渐演变而成的一种固定的人工渠的石作做法（图 2-59）。流杯渠的发展经历了从室外到室内、从自然到人工建造的过程，到现在甚至成为一种建筑小品。从文化角度看，这是在文人雅士中兴起的一种活动产物。著名的王羲之《兰亭集序》便是东晋永和九年（353 年）在绍兴兰亭曲水流觞文人雅集的集序，传诵经久不衰。从技术手段而言，要让觞——一种带双耳的酒杯（图 2-60）——流动起来，渠必须有一定坡度，使水流达到一定速度。《法式》中讲到流杯渠，主要包括三个部分：看盘、水斗子和水项子，以及与水项子联系的水渠（图 2-61）。**水斗子**位于流杯渠出入口处，是一个调节水量的小方池

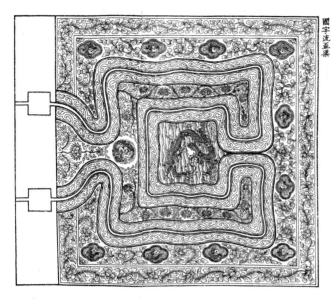

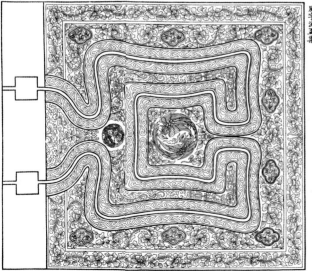

图 2-59　流杯渠
来源：李诫 . 营造法式（陶本）[M]. 上海：商务印书馆，1929：卷二十九石作图样 .

图2-60　觞（左）；装有黄酒的觞（右）

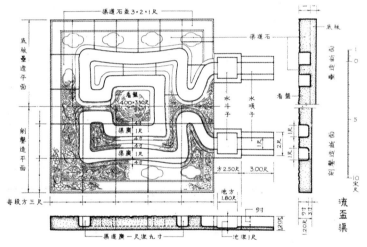

图2-61　流杯渠
来源：梁思成.营造法式注释（卷上）[M].北京：中国建筑工业出版社，1983：236.

子；**水项子**是水斗子以外的一段渠道；**看盘**是流杯渠围绕的中心，水沿着有坡度的渠道环绕其流动。我理解看盘是设计时一个相对的基准。现在，我们还能在清代园林，尤其是皇家园林中看到流杯渠的做法，如北京故宫乾隆花园的禊赏亭内、承德避暑山庄内仿造自然的曲水流觞等（图2-62、图2-63）。而能和《法式》相比照的有宜宾宋代文豪黄庭坚修造的流杯渠（图2-64）。

图 2-62 北京故宫乾隆花园禊赏亭曲水流觞渠

图 2-63 河北承德避暑山庄曲水荷香（20180701）

图 2-64　宋代文豪
黄庭坚在四川宜宾黄
山谷修造的流杯渠
来源：《钱报论坛》.

（十一）卷輂

卷輂，就是一券一伏的水窗——城墙或围墙之类遇到河渠时跨水而做的券洞。水窗可能就是人们在南方城市中经常见到的水门一类的构筑物（图 2-65、图 2-66）。**券**是指由楔形的斧刃石砌

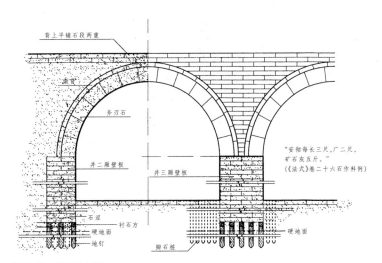

图 2-65　卷輂（水窗）
来源：潘谷西，何建中.《营造法式》解读 [M]. 南京：东南大学出版社，2005：204.

图 2-66 江苏苏州盘门水门

成的半圆形或起拱的部分。**伏**是指券上的一圈石块平砌而成的压券部分，起拉接作用，又叫**缴背**。在斧刃石和斧刃石之间，有连接石构件的**腰铁**，也叫鼓卯。水窗下部由地钉、衬石方及石涩层层相垒而成，最下面用**擗石桩**做基础，相当于桩基。

（十二）其他

在石作中还提到一些其他相当于今天建筑小品的做法。

比如**马台**（图 2-67），即上马时候用的踏脚石。马台可以做

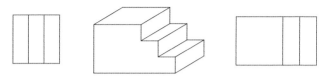

图 2-67　马台平面几种及轴测图
底图来源: 梁思成.营造法式注释（卷上）[M].北京:中国建筑工业出版社, 1983: 238.

成两层或三层的，根据其等级，面上可以雕龙、雕花。江苏高邮驿站，是当时作为运河换乘陆运的据点，驿站内有马厩，现在还留有马台（图 2-68），虽然不是宋代的，但可以推断这种具有基本功能的马台没有发生太大变化。

此外，还有**井口石**（图 2-69），就是压盖在水井地面以上井圈顶部的部分，以保证井水清洁无染。这在《法式》中也有记录。很有意思的是，井圈子、盖板和拉手等构件之间的交接方式，都做得很讲究、很合理。其中的关键部位，我这里解释一下。一是井盖子和井圈交接的部分，做成子口。所谓**子口**，就是做出的凸出或凹入的线脚，使构件之间可以互相咬合。还有井盖子上的拉手，是做成可以活动的拉栓，提起来就成为拉手，放下去就落在井盖子上了。井口石中间凹下去的洞，适宜人提升手栓。这些部分都很有意思，匠心独运。可想而知，古人凡涉及建筑工程及生活之类的小品，均在考虑之下。

另外，还有**幡竿颊**，也就是夹杆石，用于固定旗杆。过去，在很多商业建筑前面，或者在相当于广场、有标志性的地方，都会立旗帜或旌幡，或者在庙宇门口有经幡，因而就有了夹杆石（图 2-70）。夹杆石两面的石板称为石颊，我们注意到，石颊上面有两个圆形的

图2-68 上：江苏高邮驿站马台（明）（20031201）；下：江苏高邮驿站模仿的马台和马的关系（20031201）

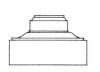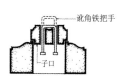

图 2-69　井口石
底图来源: 梁思成. 营造法式注释 (卷上) [M]. 北京: 中国建筑工业出版社, 1983: 238.

栓眼, 由金属的栓子固定着颊面和旗杆。还有一个有意思的地方: 因为夹杆石是露天放置的, 下雨的话, 立旗杆的洞内会积水, 所以在石颊的下部有一个洞, 用来排水和透气。另外, 幡竿颊本身在地下又会有石质基础, 这样才能稳定地立起来。可以说, 它的每一部分均独具匠心。相对而言, 现在人就很不讲究了, 以前我在东南大学文昌桥操场跑步时, 就注意到操场升旗用的木旗杆下方是直接插在水泥墩上的, 下部很明显糟朽了; 而在江南传统城镇中, 我们还可以看到保留宋式做法的幡竿颊 (图 2-71、图 2-72)。

最后, 我们谈一下**碑碣**。我们看到的是最普遍的一种——**赑屃鳌坐碑** (图 2-73)。所谓**赑屃鳌坐**, 就是以赑屃做头, 以大龟或大鳖 (鳌) 做坐基。中国很多古建筑, 无论是石构还是木构的, 作为单体时往往分为三部分, 碑碣也是这样: 上面有碑首; 中间有碑身; 下面有鳌坐, 鳌坐和地面之间还有土衬石。碑首是镌刻与碑有关的内容的部分, 如墓碑会刻有谥号于此; 碑身在宋代常做成琴面, 以显得饱满, 碑身是刻写文字的主要部分, 如曲阜孔庙有十三个碑亭, 每个碑亭中的碑身, 均刻有皇帝拜谒圣贤孔子时留下的文字; 鳌坐主要起承托碑身的作用。一座碑碣如果没有碑首, 就叫作**笏头碑** (图 2-74), 是一种相对简单的做法。

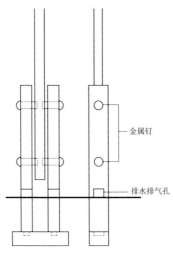

图 2-70　幡竿颊

图 2-71　江苏甪直保圣寺宋代幡竿颊
（20160613）

图 2-72　江苏吴江袾湖道院〔城隍庙，明嘉
靖（1522—1565 年）始建〕幡竿颊（20160612）

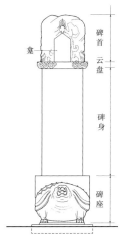

图 2-73　石碑
底图来源：梁思成．营造法式注释
（卷上）[M].北京：中国建筑工
业出版社，1983：239.

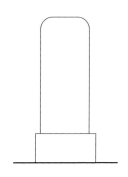

图 2-74　笏头碑
底图来源：梁思成．营造法式注
释（卷上）[M].北京：中国建筑
工业出版社，1983：239.

　　再延伸谈一下碑碣的演变过程（图 2-75）。应该说，碑碣在宋代之前就已经历了很长时间的发展，到宋代已经非常成熟了。早期的碑碣起始于吊放棺材时穿绳用的石头。所谓**"穿"**，就是石头上有个圆洞，由于棺材很重，所以那时候人们用绳子穿过洞，以石头为支点把棺材一点一点放下去，下葬完以后，"穿"就留在坟地上，久而久之，它成了坟墓的标志。到汉代，"穿"的顶部已经发展成圆形的，但仍留有一个洞。到南北朝时候，碑首装饰有**螭**——也就是没有角的龙——的形象，但还是有一个洞，这时候的洞已经没有早期的功能作用，变成纯粹的符号了。到唐代，碑首的形式已经形成和宋代相当的做法，但有的石碑"穿"还留着，镇江焦山还存有这种形制的唐碑（图 2-76），非常珍贵。

到宋代，"穿"就取消了，碑首上通常是刻一个圭角状的龛，里边写着谥号等。唐宋元三代的做法相对比较固定，但到明清，碑首的上部轮廓线做法发生了变化，变得比较方，这和时代的审美风尚是有关系的，这个时期的建筑风格就是比较规整的，曲阜孔庙中留有不同时期皇帝拜谒后的刻碑，可以寻找不同的风格（图2-77～图2-79）。刚才已经提到，没有碑首的碑碣叫笏头碑，头上比较圆滑。另外，还有做成上尖下方状的，形如古代帝王诸侯举行典礼时拿的一种玉器，叫**圭首**（图2-80）。

关于石作部分，我们大致介绍到这里。应该说，尽管石作中和建筑有关的东西并不是很多，但对于架构中国古代木构建筑的组成部分，而且是非常重要的组成部分，是必不可少的，对此我们还是应该加强认识，要理解每一种做法所传达的概念、功效和意义。

布置一个小作业：将3层踏道的做法用施工图表达方式画出2种。

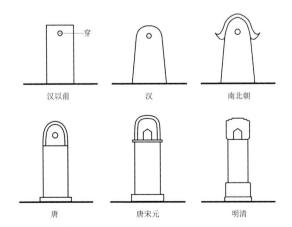

图 2-75　碑的发展示意

图 2-76　江苏镇江焦山碑亭博物馆内的唐碑（20110319）

图 2-77　山东曲阜孔庙元代石碑（20160711）

图 2-78　山东曲阜孔庙明代石碑
（20160711）

图 2-79　山东曲阜孔庙存笏
头碑（20160711）

图 2-80　圭首石碑
示意

第三讲

大木作之分类、材分契与铺作

这一讲关乎重要的对于大木作的概念认知，之所以说是概念，是因为这一讲并不涉及具体的算法和设计，但对于理解中国古代木构建筑的结构体系很重要，古人在这方面有高度的概括和抽象能力，非常了不起。

一、大木作

（一）分类目的

大木作，这是中国古代建筑中最重要的部分，即用较大断面的木构件承担结构作用的做法。分类是认知大木作必知的第一个概念。

中国古代木构建筑单体在《法式》中主要分为殿堂（阁）类和厅堂类两种。这种划分体例一直延续到《营造法原》，只是《法原》中厅堂在先、殿庭（殿堂改为殿庭）在后，估计这与南方的重要建筑以厅堂为多有关。殿堂（阁）和厅堂之外还有一余屋类。作为"内外皆合通行"的建筑就分这么三类（图3-1）？似乎不可思议。为什么要这样划分？同学们肯定会想到一个问题：中国古代建筑有很多类型，像宫殿、坛庙、陵墓、祠庙之类有不同的功能，《法式》为什么不按这些属性而分，而是按结构方式来分呢？

第一点，特别需要强调，分类的目的是使得建筑的高低等级得以区别——殿堂（阁）类最高、厅堂类其次、余屋类最低（图3-2）。明确了差异以后，可以方便计算料例、下料，也能把握建筑建造需要的工时。这就是我们第一讲时重点提到的：《法式》除了作为技术上的参照，更重要的是对政府的经济管理起到约束的作用，譬如要建造一座大剧院，需要50亿还是35亿，是可以预算出来的；

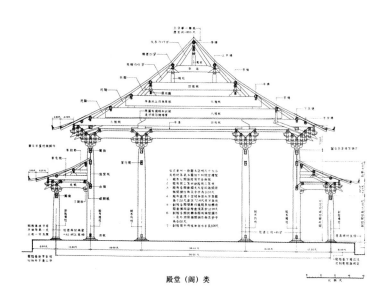

殿堂（阁）类

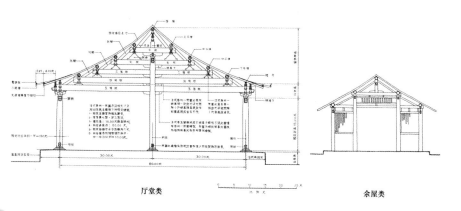

厅堂类   余屋类

图 3-1 大木作分类
底图来源：上，左下：梁思成．营造法式注释（卷上）[M].北京：中国建筑工业出版社，1983：274，281.
右下：潘谷西，何建中．《营造法式》解读[M].南京：东南大学出版社，2005：22.

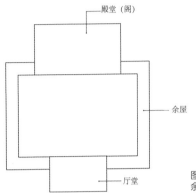

图 3-2　殿堂（阁）、厅堂、余屋位置可能示意

　　当时建造一座孔庙或者一组宫殿建筑，这些群体建筑中的单体建筑根据所在位置、功能作用、形象特征、组合关系等，有殿堂（阁）类、厅堂类、余屋类各多少，需要多少费用，通过《法式》也是可以计算出钱两的。

　　第二点，依照我自己做工程的体会，也特别希望大家了解的是，这种分类也是结构体系的分类，不是我们现在概念的建筑分类。从结构看，殿堂（阁）类、厅堂类以及余屋类，其柱子所承受的荷载以及承载的方式是不一样的。如殿堂（阁）类的构架用料很大、斗栱很多，还有藻井和**天花**（"天花"一词到明朝才出现，当时叫"平棊"），它的柱子所承受的荷载和厅堂类不一样。所以我觉得，这样一种划分也是从结构考虑的结果——在不同荷载情况下怎样取料、怎样使建筑更科学合理。历史上，《法式》作为一种官方编撰的专书，呈现的是一种结果，忽略了其科学性的揭示，以至于《法式》流传以后，人们大都把它看成是依据等级划分的，久而久之，其中最合理的成分被淡化了。我觉得这非常可惜，所以这里特别强调下。

此外，一组建筑的群体关系，根据不同功能、位置、主次的变化等，这三种类型是组合出现的，并不是宫殿群的建筑都是殿堂（阁）类。也正因如此，宋代的建筑群得到很大的发展，高低起伏、秩序井然、主次分明，如河北正定隆兴寺的群体建筑构成的天际轮廓线就非常丰富和漂亮。

所以，理解《法式》的大木作分类，是认知中国古代木构建筑体系的出发点，泱泱大国，浩浩木构，却高度简约为这样的三种分类，令人折服和观止。

（二）殿堂（阁）类

下面讲一下什么叫**殿堂（阁）类**（图3-3）。殿堂（阁）类的第一个特点是室内室外都有斗栱，而且建筑采用重檐较多；第

图 3-3　殿堂（阁）式
底图来源：东南大学 潘谷西主编.中国建筑史（第七版）[M].北京：中国建筑工业出版社，2015：268.

二个特点是殿堂（阁）类通常内、外柱同高（在图中是指主体的内外柱），柱上有斗栱（铺作），斗栱之间由梁联系起来，从竖向看，结构是可以上下界分开来的，上面是斗栱层，下面是柱圈层；第三个特点是斗栱的出跳数可以很多，可以出跳到五层，相当于八铺作（关于铺作和跳数的关系，本科时候已经讲过，后面将再补充讲一下）。

从效果来看，殿堂（阁）类的内部空间、装修、斗栱、木架都有比较高的标准，而且都有天花，室内效果比较整齐气派。但是，这样的结构，其水平方向联系相对较弱。就像我们在本科学习时分析的佛光寺：下面是柱子，上面是铺作层，再上面是三角形的屋架，整个结构在垂直方向可以分成几层，柱子这层在水平方向主要靠**阑额**（面阔方向柱间联系的梁）和进深方向的梁进行联系，如果没有墙体做围护和固定，整个结构很容易发生晃动和扭转。

讲到殿堂（阁）类，还要引出一个概念——"**槽**"。关于"槽"，建筑历史学界有很多解释和讨论。我们常见建筑中一列柱就界分出两个空间的情况，所以很多研究建筑史的人就将这个柱列的中心线叫作"槽"；还有些人认为划分内外空间的即谓之"槽"；也有些人认为铺作侧向的中心线谓之"槽"。我是这么认为的，"槽"一定要和"**地盘图**"结合一起认识，地盘图在《法式》殿堂（阁）类出现，应该理解为是铺作的布点图，而不是我们通常理解的建筑平面图，根据铺作布点形成不同的结构和空间，而"槽"本身是一个比较模糊的词性，很难用现代汉语的主谓宾进行对应，不用纠结。就如同描述"庭院深深深几许"，是距离的深，还是感觉的深，还是水深的深，是很难用一个说法准确解释的一样。但是只有在殿堂

（阁）类出现的"地盘图"不能扩大到建筑的平面图这个层面上说，这是我要强调的，从另一个层面也说明内外柱上都有铺作是殿堂（阁）类的重要做法。

　　"分心槽"（图3-4），主要用于门屋，比如辽代的天津蓟州区独乐寺观音阁山门（这座建筑尽管是建于辽代，但我们把它归为与宋同时期的来看待其结构，而形式则要与唐代的进行比较了）。所谓"分心槽"，就是在建筑的中心线部位有一列柱子及

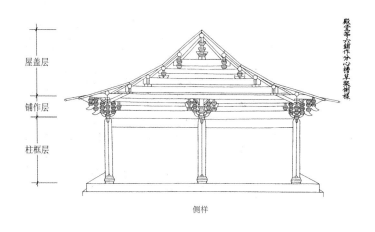

图 3-4　分心槽
底图来源：潘谷西，何建中.《营造法式》解读 [M]. 南京：东南大学出版社，2005：25.

图 3-5　天津蓟州区独乐寺山门分心槽结构（20240417）

其上部的铺作把空间分为里、外两个部分。这种结构关系和其他建筑是不同的。独乐寺观音阁山门的柱网外围砌墙，从外观看仍是一座房子，但和《法式》图式分心槽大木作结构关系却是相同的（图 3-5、图 3-6）；又如山西平遥源相寺山门和双林寺天王殿，中心线置门，以外放置着金刚力士。

图 3-6　天津蓟州区独乐寺山门在分心槽装门（20240417）

　　"金厢斗底槽"（图 3-7）。"金厢斗底槽"最有名的案例是佛光寺大殿（图 3-8）、应县木塔和天津蓟州区独乐寺观音阁，它的特征是：外柱形成一个**"外槽"**（所谓外槽就是指靠外的空间，但古代人不叫空间），内柱形成**"内槽"**（中间的空间），每个柱上都放斗栱，形成铺作层，再上面是三角形的屋架。大家看佛光寺（图 3-9）：外槽的空间比较低，人的活动在这里进行；内槽比较高，佛像放在里面；内、外槽虽然空间不一样高，但内

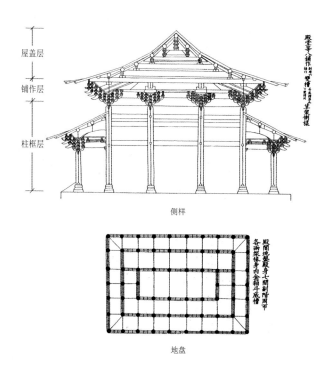

图 3-7　金厢斗底槽
底图来源：潘谷西，何建中.《营造法式》解读 [M].南京：东南大学出版社，2005：27.

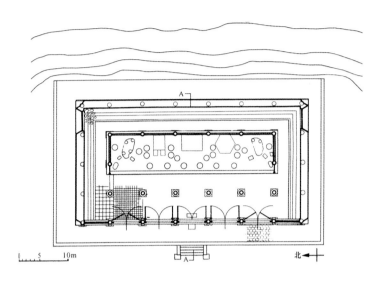

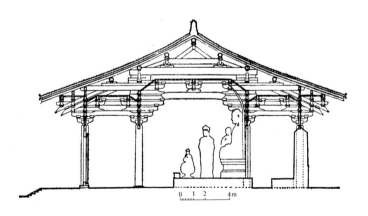

图 3-8　山西五台山佛光寺大殿平面和剖面图
底图来源：东南大学 潘谷西主编 . 中国建筑史（第七版）[M]. 北京：中国建筑工业出版社，
2015：157.

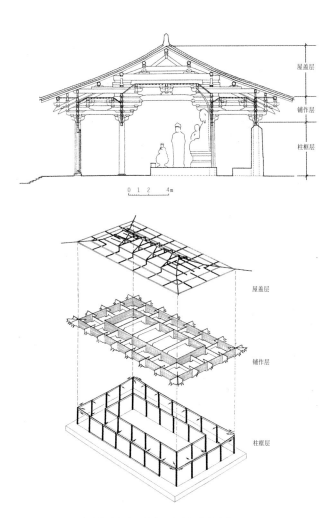

图 3-9   山西五台山佛光寺大殿作为殿堂（阁）类代表
底图来源：潘谷西，何建中.《营造法式》解读 [M]. 南京：东南大学出版社，2005：24.

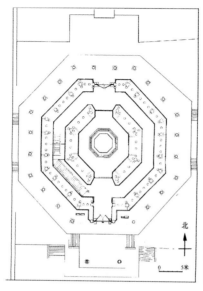

图 3-10　山西应县木塔一层平面图中的副阶周匝
来源：郭黛姮主编.中国古代建筑史（宋、辽、金、西夏建筑）[M].北京：中国建筑工业出版社，2003：377.

柱和外柱却一定是同高的，柱间用水平的梁联系起来，实际上形成一个**套筒**式结构。这个很重要，尤其是楼阁或者塔，套筒式结构相当于现在的高层常用结构，远比单筒结构稳定得多。观察生活中的实物也很容易理解，比如双层的水杯要比单层的水杯结实许多。如应县佛宫寺释迦塔（简称应县木塔），除了采用套筒结构，底层外加一圈回廊叫**"副阶周匝"**（重檐下层形成的灰空间），更加坚实了下部结构，也达到立面形象稳定、平面活动有余地的目的（图 3-10），而套筒结构是使得这座壮观宏伟的建筑屹立至今九百多年而不倒的主要原因（图 3-11）。

　　"单槽"，用今天的概念来讲就是单廊（图 3-12）。比如说：

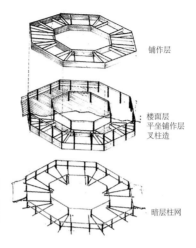

铺作层

楼面层
平坐铺作层
叉柱造

暗层柱网

图 3-11 山西应县木塔双槽构成套筒结构并上下呈层层叠式
底图来源：东南大学 潘谷西主编 . 中国建筑史（第七版）[M]. 北京：中国建筑工业出版社，2015：光盘 ft-11.

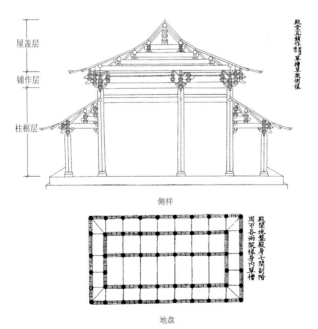

屋盖层

铺作层

柱框层

侧样

地盘

图 3-12 单槽
底图来源：潘谷西，何建中 .《营造法式》解读 [M]. 南京：东南大学出版社，2005：26.

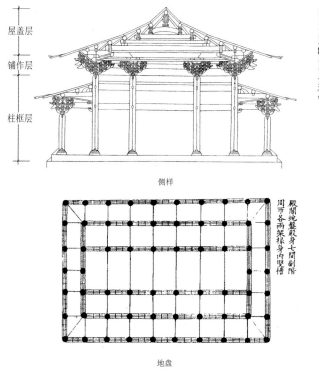

屋盖层

铺作层

柱框层

殿堂等七铺作副阶双槽草架侧样

侧样

殿阁地盘殿身七间副阶周匝各两架椽身内双槽

地盘

图 3-13　双槽
底图来源：潘谷西，何建中 .《营造法式》解读 [M]. 南京：东南大学出版社，2005：26.

一座大殿，背后靠着山，人不需要走过去了（这种情况很多），但前面需要有举行仪式的空间，于是把门设在檐柱后面的那排柱子那儿，前部形成檐下空间，这就叫"单槽"。晋祠圣母殿位于轴线端头，仅面向献殿有廊（不包括副阶），属于此类结构方式。

"双槽"，前后都有廊（图 3-13）。关于"槽"，大家只要明白它是界分空间的中心线，而中国古代建筑中担任这个中心线的是柱子为多，尤其在殿堂（阁）类建筑中还包括柱子上的铺作，分割以后形成的结果也叫"槽"，如"内槽"和"外槽"。大家能够意会即可。

　　以上讲的是第一类——殿堂（阁）类，引入了"槽"的概念，简单介绍了殿堂（阁）类的特点、效果以及缺陷。

（三）厅堂类

　　厅堂类（图3-14）是我们见到的古代建筑遗存中数量最多的，它的梁架形式也很丰富（图3-15~图3-19）。概括一下厅堂类的特点：第一，没有天花，《法式》称之为**"彻上明造"**（"造"就是做法）；第二，厅堂类的柱子在檐部和室内是不等高的，内柱一直升到屋架下方，当然连接时会用少量斗栱构件；第三，斗栱最多出三跳（其实建筑立面的好看与比例的合适，也都是和结构相配套的，如果厅堂类建筑的斗栱做到八铺作，那就不相称了）。分析一下厅堂类的特点：它的稳定性很好，梁架之间水平向和垂直向的联系都比较紧密。厅堂类的使用范围大概是：厅、堂、门、楼以及一些次要的殿宇。当然，相对于国家等级来说等级不太高的建筑，如地方或民间的寺庙，即使是大殿也可能只用厅堂类。

　　为了方便同学们以后理解，这里先介绍一下厅堂类一般梁架构件的名称（图3-20）。一座屋架中，最上面的檩在《法式》中叫作**脊槫**（《法式》中檩叫作**"槫"**，槫就是圆的意思——断面是圆木），最下檐部的檐檩叫作**檐槫**，中间的都叫作**平槫**——如果平槫比较多的话，也可以细分为上平槫、中平槫、下平槫。清式的叫法略有不同：最上面的叫作**脊檩**，最下面的叫作**檐檩**，中间如果有三

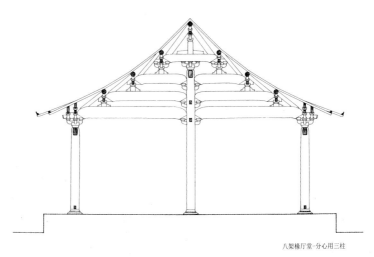

八架椽厅堂-分心用三柱

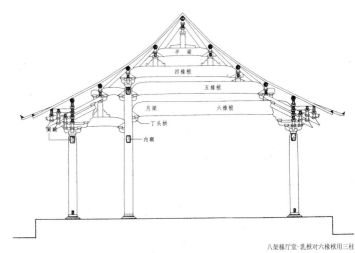

八架椽厅堂-乳栿对六椽栿用三柱

图 3-14　厅堂类
来源：潘谷西，何建中 .《营造法式》解读 [M]. 南京：东南大学出版社，2005：33.

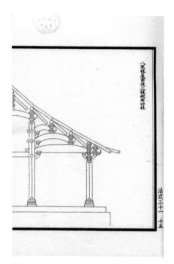

图 3-15 八架椽屋前后三椽栿用四柱
厅堂
来源:《李明仲营造法式》,民国十八
年十月(1929 年 10 月)卷三十一.

图 3-16 八架椽屋分心乳栿用五柱
厅堂
来源:《李明仲营造法式》,民国
十八年十月(1929 年 10 月)卷
三十一.

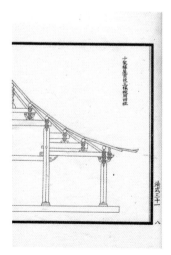

图 3-17 十架椽屋前后三椽栿用四柱
厅堂
来源:《李明仲营造法式》,民国十八
年十月(1929 年 10 月)卷三十一.

图 3-18　十架椽屋分心三柱厅堂
来源：《李明仲营造法式》，民国十八
年十月（1929 年 10 月）卷三十一．

图 3-19　四架椽屋通檐用二柱厅堂
来源：《李明仲营造法式》，民国十八
年十月（1929 年 10 月）卷三十一．

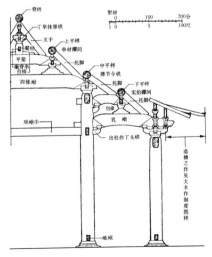

图 3-20　厅堂作构件名称
来源：东南大学 潘谷西主
编.中国建筑史（第七版）
[M]. 北京：中国建筑工业出
版社，2015：273.

根，上面的叫作**上金檩**，中间的叫作**金檩**，下面的叫作**下金檩**。这种叫法把不同位置的檩条区分得很清楚。连接最上面两根平槫的水平梁，叫**平梁**——实际就是跨两个步架的梁（相邻两槫间的水平距离叫一个**步架**，布有一根椽子）。跨四个步架（也就是梁横跨4根椽距）的叫**四椽栿**。如果跨六个步架，那就叫**六椽栿**，以此类推。当然也不太可能超过十架椽太多的，因为木材长度是有限度的。这些檐部连接长柱子和短柱子的梁，我们又怎么称呼呢？跨一个步架的，叫**劄牵**；跨两个步架的，我们称之为**乳栿**（"乳栿"的意思就是小的梁）；跨三个步架的，我们叫**三椽栿**。同学们应该可以理解：三椽栿一般都在檐口内廊，如果在建筑房屋内会怎样呢？大家可以课后试试画下可能性。

此外，在厅堂类（也包括殿阁类）的屋架中，为了加强梁架稳定性，会利用一系列斜向构件：脊槫两侧的叫**叉手**，平槫外侧的叫**托脚**。这样可以看出：一个屋架是由一些大木构件和小材构件互相穿插、联系而形成的，尤其是加上叉手和托脚，实际上形成了类似三角形的屋架，十分稳定。可是后来的明清建筑屋架，这些小构件均没有了。以后大家出去考察唐宋建筑，重点可以从厅堂类建筑中了然这些做法，而殿阁类被天花隔层挡住了上部结构。

（四）余屋类

我们知道一组群体建筑不仅是由殿阁类和厅堂类建筑组合成的，还有一类建筑，叫**余屋类**。如果同学们设计一组群体建筑，最重要的建筑可以用殿堂（阁）类，其他如山门、配殿等可以用厅堂类，那么余屋类用在哪些地方呢？比如旁边的小房子（**挟屋**）、廊屋等这一类起陪衬作用或者功能次要的小房子，我们会用余屋类。在民居、园林中不重要的建筑、店面中，用余屋类的也比较多，透过张择端的《清明上河图》中的建筑场景，可以看到沿街店铺中的建筑结构多为余屋类（图3-21、图3-22）。

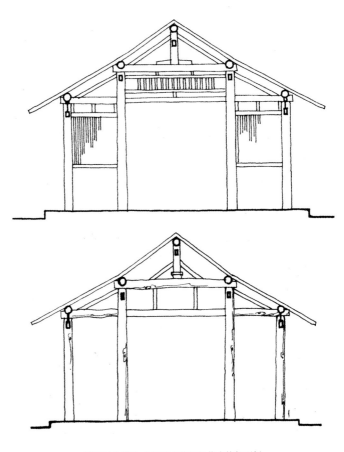

《清明上河图》中所示市房柱梁作木构架两例

图 3-21 余屋类
来源：潘谷西，何建中.《营造法式》解读 [M]. 南京：东南大学出版社，2005：22.

图3-22　《清明上河图》中东京虹桥前景的建筑为余屋类
来源：北京故宫博物院藏．

　　余屋类的特点是：梁架比较简单，不用斗栱，形成**柱梁作**（柱梁间直接用榫卯联系），用料比较小，一般会用叉手和托脚。另外，余屋类还很重视用一个构件，叫作**串**。所谓串，就是一些用料很小的木头，用来加强构件之间的联系。有时候，在一个梁架上会根据高度位置同时用**上串**、**中串**、**下串**，加强两榀大木作之间的联系。

（五）分类之外

　　由此，我们可以区分殿堂（阁）类、厅堂类、余屋类在中国古代尤其是宋代木构建筑的表征、特点、梁架特色以及使用情况了。这里区分的不仅是等级之差，也是结构方式的不同和群体建筑关系中单体的功能差异。但同学们一出去考察就会有疑问了，比如看到山西太原晋祠圣母殿就会问："陈老师，这到底是厅堂类还是殿堂（阁）类？"这是一座很有意思的建筑，单槽，外廊特别宽大。如果我们看门以内的部分，会认为它是厅堂类：没有天花，彻上明造，柱子升到槫下方。而从外檐看，又会认为它是殿堂（阁）类：即上檐的内外柱子是等高的，上为铺作。因此很难下定义——所以我们会在实例中看到宋代建筑厅堂类和殿堂（阁）类混合的方式。

诸如此类的实例使我们进一步确定：《法式》只是一种参照和样本，而民间普遍不囿于《法式》而进行实际的创造。所以，我们既要学习《法式》，又要不被《法式》界限所制约，这才是真实地沟通古今的方式和理解宋式建筑的关键。

二、材、分、栔

第二个重要的概念，就是材、分、栔建立起的三级模数制（图 3-23）。这个概念重要在哪里呢？它将直接关涉大木作的设计及计算下料，这也是我们给《法式》很高评价的缘由，看似纷繁的构件，可以通过这个模数制加以确定。

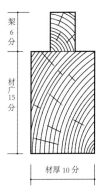

栔
6
分

材广
15
分

材厚 10 分

图 3-23　材分栔
底图来源：梁思成 . 营造法式注释（卷上）[M]. 北京：中国建筑工业出版社，1983：240（大木作制度图样一）.

讲到材、分、栔，就要涉及斗栱了。**斗栱**即斗和栱为主组成的构件，是将屋面重量传载到柱子或者其他大木构件的重要过渡，但这组立体的构件又不仅仅是斗和栱两种构件，还有**昂**——进深方向的斜向联系构件等。将这个立体构件称之为斗栱，是何时开启的？学界有诸多讨论，此不详说。宋代斗栱作为大木作的重要一环，最关键的是材分，材、分、栔之间的关系，同学们一定要弄清楚，否则以后就没法理解了。

　　材与分：所谓材，做成栱的长方料子的断面就叫一个材，栱无非是在长方料子端头做些砍杀而已。一个材是多大呢？是根据前面说的殿堂（阁）或者厅堂的大小而定的（下面会给数值）。一个材的高度（《法式》称为"**广**"），被划分为15分，宽度（《法式》称为"**厚**"）等于10分，材的高宽比是3：2。这就是我们讲的材分。

　　栔与分：所谓栔，在一组斗栱中，栱与栱之间是靠方形的斗联系的，如此材与材之间产生的间隙就叫栔。一个栔多高呢？是与斗栱之间的构造有关的，栔高等于6分。

　　单材与足材：我带学生出去考察古建筑时，经常会指着一组斗栱问："这是单材还是足材呀？"一个**单材**就是一个料子，一个栱高，也就是15分。一个**足材**就是一材一栔，高等于21分。所谓足材，就是材与材之间是直接承托的关系，它的受力比较好，一般出挑构件如**华栱**（一般是垂直面阔方向的出跳的栱，也有斜向出挑的华栱，后面会介绍）等会用到足材。用了足材我们就看不到单材上下之间的空当了。通常，顺着屋身方向解决水平向跨度问题的栱用单材多，而垂直于正面的进深向解决悬挑或者承托重量的材会用足材。同学们看斗栱不必觉得眼花缭乱，其实它不是单材就是足材。

　　明白了材、分、栔之间的三级模数很重要，各种变化多端的斗栱都离不开这种关系。大木作的梁、柱、槫等构件下料的数值，以及和屋架有关的进深数值，均离不开对于材分的理解。

三、铺作

（一）铺作与材数

　　斗栱，下面是和柱头或者阑额、上面是和撩檐槫及檐槫等发生关系的（图3-24）。斗栱作为一朵倒覆斗式的组合构件，其基本功能就是传载——将悬挑的屋顶重量转换到柱子上，这是从垂直的方向考虑的；但是从水平向出发，连接檐柱中心线内外的构件也很重要，否则就可能倾覆。这样就有连接和固定撩檐槫的构件，叫**衬方头**，又叫衬枋木，是进深方向的，和槫成垂直角度。

　　除此之外，连接和固定撩檐槫下方最外跳斗栱（令栱）的就是**耍头木**。耍头木和衬方头的功能是一样的，但同时还有承托衬方头的作用。耍头木一般都做成足材，以更大的断面承受自上而下的重量，而耍头木最外端伸出的部分叫**耍头**，一般情况为单材。

　　我们从进深方向可以看到，只要有出挑的撩檐槫，从衬方头到栌斗下皮，有三层木头不可少——衬方头、耍头木、栌斗，那么加了一层出挑的做法呢，就是加了一层木头，宋代的斗栱就是这样一层层叠加的做法，所以叫**铺作**。出一跳就是三层木头又加了一层栱的材数，谓四铺作，因为有四层木头铺叠；出两跳呢，就是五铺作……以此类推。《法式》中将斗、栱（昂）、罗汉方、

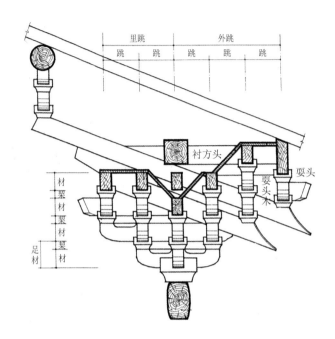

图 3-24　铺作
底图来源：梁思成 . 营造法式注释（卷上）[M]. 北京：中国建筑工业出版社，1983：240（大木作制度图样一）.

柱头方、橑檐枋（槫）、算桯方、耍头木和衬方头等，通称为铺作。依我个人理解，就是十分重视材的高度方向的数量的叠加思考，"铺"就是铺叠、累叠、相叠的意思，"作"就是构造、做法、骈凑。

李诫引何晏《景福殿赋》"櫼栌复叠，势合形离"之后说："櫼栌，斗栱也。皆重叠而施，其势或合或离"；又引李华《含元殿赋》"悬栌骈凑"后曰："今以斗栱层数相叠出跳多寡次序谓之铺作"。

所以说，宋代用铺作来概括斗栱这种特殊的结构构件是非常准确形象的，我尤其喜欢"骈凑"这个概念，就是没有完全固定的做法，却可以用一层层的木头铺叠形成需要的高度或者出跳的距离。

（二）斗栱与材宽

相比较而言，斗与栱之间的连接及其构造，都和材厚是有密切联系的。清代的**斗口**就是栱的厚度，也就是材宽。我理解不同的叫法，其实反映出其时人思考的维度是不一样的。或许宋人的铺作概念，更加注重上下的承重与衔接关系；而清人的斗栱概念，比较重视立面的效果，这在后面的立面计算中会进一步讲解。

（三）材分八等与斗口十一等

《法式》对后人的启发之一是"以材为祖，材分八等"这句话。在大木作中，构架计算似乎都和这句话有关，这使得材的概念和等级的概念相互联系和彰显，但是我一直理解的是这种等级主要和大木作的结构有关，并不完全表示建筑尊贵与否，构架的分类和材等的分类在本质上是一回事儿，主要是为了解决结构的承载问题。所以我也习惯在考察度量材等时量栱的高度。

清代就不同了，清代以斗口作为大木作计算的基础，看起来只是换了一个说法，还是和栱有关，但是我认为认知的角度和宋代南辕北辙。清代建筑的开间距离等都是可以计算的，完全和斗口挂钩，这说明立面或者说形式的等级问题是突出的。

而实际上比较一下材和斗口（表3-1）及其应用范畴（表3-2），

就会发现：宋代材划分八等和清代斗口分为十一等，二者在绝对尺寸上差别不大，但在实际使用中差别却很大。像佛光寺大殿，用到一等材，栱断面用到9寸×6寸，相当于现在的288厘米×192厘米，这是一个很大的数字。而清代最高级别的故宫太和殿，十一开间，它的斗口（栱宽）才90厘米，大概4寸不到，只相当于宋代的八等材。通过比较也证实：唐宋的铺作是真正发挥结构作用的，清代的斗栱材等太小，不是结构的必需组成。

宋清材等比较　　　　　　　表3-1

材等	应用	清（斗口，寸）	宋（材宽，寸）	应用
一	未见实例	6	6	9～11间大殿
二		5.5	5.5	5～7间大殿
三		5	5	3～5间殿、7间厅
四	城楼	4.5	4.8	3间殿、5间厅
五	大殿	4	4.4	3间小殿、3间大厅
六		3.5	4	亭榭、小厅
七	小建筑	3	3.5	小殿、亭榭
八	垂花门、亭	2.5	3	小亭榭、藻井
九		2		
十	藻井、装修	1.5		
十一		1		

（说明：宋代建筑，实际在七等和八等之间，有3.3寸×5寸，用于营房；八等以下，还有1.2寸×1.8寸，用于藻井）

古代典型建筑实例中的材等情况　　表3-2

材等	宋材等（寸/厘米）	《法式》规定	唐、五代（厘米）	辽、宋、金（厘米）	元（厘米）	明（斗口）（厘米）	清（斗口）（厘米）
一	9×6/288×192	9~11间大殿	佛光寺大殿（殿7间）288×192	奉国寺大殿（殿9间）290×240			
二	8.25×5.5/264×176	5~7间大殿	南禅寺大殿（厅5间）240×170	应县木塔255×170/110-130；善化寺三圣殿（殿5间）260×165/105			
三	7.5×5/240×160	3~5间殿、7间厅		独乐寺观音阁（殿5间）240×165/105			
四	7.2×4.8/230×154	3间殿、5间厅	镇国寺大殿（殿3间）220×160/100	保国寺大殿（殿3间）215×145/87			
五	6.6×4.4/211×141	3间小殿、3间大厅		瑞光塔底层190×140	永乐宫三清殿（5间）207×135		
六	6×4/192×128	亭榭、小厅			永乐宫纯阳殿（5间）180×125	太庙（殿、门）125；神武门城楼（7间）125	
七	5.25×3.5/168×112	小殿、亭榭			广胜上寺弥陀殿（5间）165×110/65；金华天宁寺大殿（3间）170×105/60	先农坛拜殿（7间）110；瞿昙寺隆国殿（5间）110	

续表

材等	宋材等（寸/厘米）	《法式》规定	唐、五代（厘米）	辽、宋、金（厘米）	元（厘米）	明（斗口）（厘米）	清（斗口）（厘米）
八	4.4×3/141×96	小亭榭、藻井			真如寺大殿（3间）135×90/52	十三陵祾恩殿（9间）95~100	故宫太和殿（11间）、坤宁宫、乾清宫（9间）90
等外材						智化寺五佛阁（5间）80；故宫保和殿（殿9间）80	故宫体仁阁（殿7间）70

第四讲

大木作之斗栱

一、斗栱详部

接下来讲斗栱的详部做法。今天先讲一些最基本的做法，然后再讲特殊的斗、栱、昂的做法。只有了解了基础，再看变化，才能看出门道来。同时，通过对基础的和特殊的做法的讲解，可以使同学们了解中国古代建筑无论斗栱也好、建筑也好，绝不像课本上那么单调。同学们经常认为中国古代建筑没有变化，其实，变化很多。

首先讲一下斗栱的各个构件。**斗栱**（图 4-1）是一种很好的叫法，明了地体现了斗栱的组成是斗和栱为主以及斗与栱之间的密切关系。但在宋代，起斗栱作用的也叫铺作，这是上一讲讲的，因此本讲内容还会涉及相关构件。

图 4-1 斗栱模型
来源：东南大学建筑学院建筑历史与理论研究所藏，天津大学赠送.

（一）斗

在宋代，根据出现的地方不同，斗的构造也不同。最常见的是四种。

第一种叫**栌斗**（又叫大斗）（图4-2、图4-3），清式叫坐斗。所谓栌斗，就是在柱头上方、直接和上面一系列铺作发生联系的斗，是在一32分°（即前面论及的材分的分的具体单位表达）立体木块下形成的、具有构造功能的构件。栌斗主要有方形、圆形、海棠形（讹角）等样式，构造的特点是十字形开槽（图4-4）。栌斗的上面部分叫**耳**，中间叫**平**，下面叫**欹**。从唐代一直到宋代，耳、平、欹大多数都遵循如图4-2所示的一种比值关系。到了辽金，欹变得稍微高一点，而且欹由曲线变成了直线。到明清更是如此（图4-5）。

第二种叫**交互斗**（图4-6）。位置是在建筑纵深向外跳出来的栱端。和栌斗一样，交互斗要承接两个方向的栱或进深方向的昂、耍头，所以也是十字开口，构造和栌斗一样，所不同的是交互斗的尺寸比栌斗要小。交互斗平行屋身方向是18分°，进深方向是16分°。

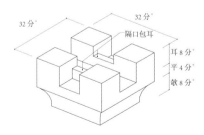

图4-2　栌斗
底图来源：潘谷西，何建中.《营造法式》解读 [M]. 南京：东南大学出版社，2005：100（图3-29）.

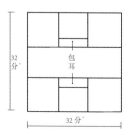

图4-3　栌斗平面
来源：梁思成. 营造法式注释（卷上）[M]. 北京：中国建筑工业出版社，1983：242.

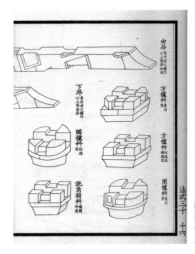

图 4-4　栌斗构造
来源：《李明仲营造法式》，民国
十八年十月（1929 年 10 月）卷
三十.

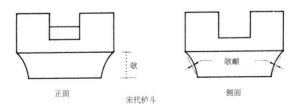

图 4-5　宋清斗对比——宋
来源：梁思成 . 营造法式注释（卷上）[M]. 北京：中国建筑工业出版社，
1983：242.

图 4-5　宋清斗对比——清
来源：梁思成 . 清式营造则例 [M]. 北京：中国建筑工业出版社，
1981：图版八 .

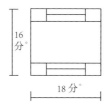

图 4-6　交互斗平面
来源: 梁思成.营造法式注释(卷上)[M].北京:
中国建筑工业出版社, 1983: 242.

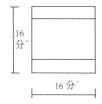

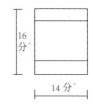

图 4-7　齐心斗平面
来源: 梁思成.营造法式注释(卷上)
[M].北京: 中国建筑工业出版社,
1983: 242.

图 4-8　散斗平面
来源: 梁思成.营造法式注释(卷上)
[M].北京: 中国建筑工业出版社,
1983: 242.

第三种叫**齐心斗**（图 4-7）。齐心斗只承托一个方向的方料，所以开一个方向的槽，两个方向的尺寸都是 16 分°。齐心斗的位置在撩檐枋下面，上面承的是撩檐槫。

第四种叫**散斗**（图 4-8）。散斗也只承托一个方向的栱或方料，所以开一个方向的槽。它的位置是在栱的两端，料子小也比较合理，两端的斗分量不能重，所以顺身方向 14 分°，进深方向 16 分°。

所有的斗可以分为两类：十字开口的和单向开口的。尺寸除栌斗为 32 分°，其他的都在 14 分° 到 18 分° 之间。数据的变化若记不住可以查，但大家一定要明白各种斗出现在什么位置（图 4-9），以及尺寸分° 数增减的原理。

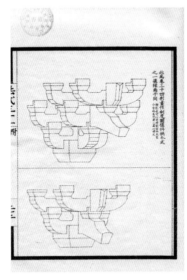

图 4-9　《法式》斗栱组合示意
来源：《李明仲营造法式》，民国十八年十月（1929年10月）卷三十一.

（二）栱

栱的构造就比较简单了，就是一根长料子，在端头用砍杀的方法形成**卷杀**，这样就叫**栱**（图4-10）。它的最基本形式（以较短的瓜子栱为例）：一个单材（总高15分°），端头砍杀，高度方向上面6分°是直线，下面9分°分成四等份，长度方向端头取4分°×4份，按如图所示两两相连形成的切面就是卷杀。了解了这个做法，同学们就会明白栱的两端是折面而不是润滑的曲面（图4-11）。如有机会摸一下，印象更深刻。根据不同的位置，栱的名称和长度也是不一样的（图4-12）。

第一类栱叫**泥道栱**。泥道栱是栌斗上方的第一道横栱，与面阔方向平行，它的长是62分°。

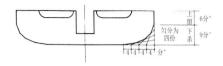

图 4-10 栱
底图来源: 梁思成. 营造法式注释 (卷上) [M]. 北京: 中国建筑工业出版社,
1983: 241.

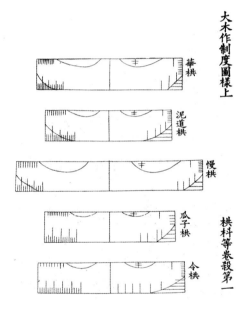

图 4-11 栱斗等卷杀第一
来源: 李诫. 营造法式 (陶本) [M]. 上海: 商务印书馆, 1929: 卷三十.

第二类栱叫**瓜子栱**。各层挑出来的交互斗上方承托的第一道
横栱叫瓜子栱, 它的长度也是 62 分°。

第三类栱叫**令栱**。凡有通常的斗栱, 就一定有挑檐槫 (枋)。
令栱就是直接和**挑檐枋** (挑檐槫下的枋木或者挑檐槫做成枋木) 联

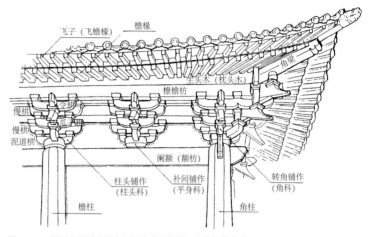

图4-12　以河南登封少林寺初祖庵大殿为例示意的构件名称
底图来源：东南大学，潘谷西主编.中国建筑史（第七版）[M].北京：中国建筑工业出版社，
2015：5.

系的那道栱，令栱上面中间的叫齐心斗，两边的叫散斗。令栱比较长，有72分°。

　　还有一类栱是什么呢？如果泥道栱或瓜子栱正上方还有一道长长的栱，那就叫**慢栱**。慢栱往往是在第二层的位置上。慢栱更长，有92分°。所有的栱都可以用分°数确定出来，高度、长度、宽度都知道了，就可以下料子了。总体来说，栱的长度与它所在部位的受力功效有关。

　　刚才讲的栱都是和屋身平行的，剩下还有一类栱是与屋身垂直的，叫**华栱**。华栱非常重要，因为它吃重，起着悬挑作用，做成足材的较多见（图4-13）。在清代，华栱的跳数又叫**翘**，在宋代叫**抄**。为什么叫抄呢？也有讨论说，"抄"最初曰"杪"（miǎo）——

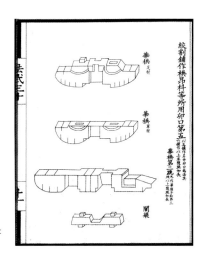

图 4-13　华栱示意
来源：李诫．营造法式（陶本）[M]．上海：
商务印书馆，1929：卷三十．

一种短短的木头构件，但我觉得似乎"杪"或者"翘"能更形象地
表达出华栱的样子和作用。到底是"杪"还是"抄"，这个问题一
直有争论，同学们只要知道"几抄"或"几杪"指的是出挑的次数
或者说增加的铺作数就可以了。

（三）昂

以上讲的是最基本的栱，下面再谈一下**昂**。昂是一种斜向的
构件，同学们不要小看这个构件，它是我们判断和衡量斗栱是否
真正起作用的标志。清代就讲斗栱，好像不提昂了，因为清代已
经没有很起作用的昂了。而在宋代，昂和华栱共同起着悬挑和平
衡的作用，就是在进深方向前部出挑和承重、后尾要和室内的构
件进行交接和被压重，能够保持平衡（图 4-14）。所以我们在看
中国古建筑的时候，一定要外面看看、里面看看，在房子里看看

昂的后尾和外面的昂尖是不是一个整体构件，它有没有起到杠杆作用——外侧起到悬挑传重作用、内侧后尾被压住，我们就说它是一个**真昂**。有的时候只是前面有个昂嘴，后面的结构跟杠杆平衡根本没关系，那它就是一个**假昂**。真昂的出现有很多种方式，见得最多的就是：昂的后尾压在下平槫下面，前端由挑檐槫给它压力，支点在中心线上的斗和栱之上，整个构件起着杠杆作用。这个斜向构件我们笼统称为昂。

一般来讲，昂可以分为内和外两部分。如图 4-14 的昂是位于补间的，我们知道，如果是位于柱头的话，后面就会有梁，昂有时被梁阻隔不能伸到平槫下面。像这种昂，外观和补间一样，但里面实际上是和梁交接，我们称之为**插昂**（图 4-15）。插昂主要出现在柱头铺作，转角铺作相应也有。本来梁头出挑做成平的很自然，但有时为了在外观上和补间铺作协调，把出挑做成昂的形式。以四铺作为例，梁头出挑做成耍头，下部做成昂的形式，一直连接到足材部分。承托其下的栱做成装饰性的，称**"华头子"**（也叫"花头子"，古代"华"通"花"）。

而前面讲的那种长长的、杠杆似的昂，我们形象地称之为**"挑斡"**。挑斡一般出现在补间。当然，这不是说柱头上绝对不可能出现斜向昂，如果出挑很大，斜向构件可以越过梁的高度一直升上去（图 4-16）。

还有一种昂叫**上昂**（图 4-17），北方不太多见，但在南方可以看到，比如苏州的玄妙观山门。所谓上昂，就是没有**下昂**——斜出向下的部分，而只有上挑的斜向构件。上昂和挑斡很难分清楚，学术界也一直有争论，据我自己理解以及与很多老先生讨论：只有

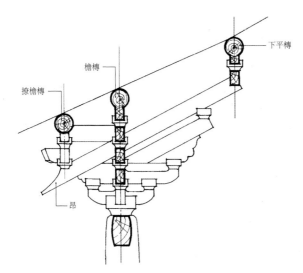

图 4-14 昂
底图来源：潘谷西，何建中.《营造法式》解读 [M]. 南京：东南大学出版社，2005：89.

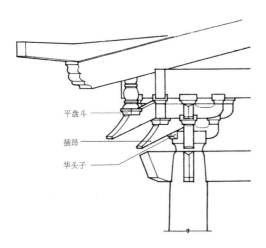

图 4-15 插昂
底图来源：梁思成.营造法式注释（卷上）[M]. 北京：中国建筑工业出版社，1983：254（大木作制度图样十五）.

图 4-16　浙江宁波保国寺大殿柱头和补间的昂都是连续的斜向构件，可称之为挑斡

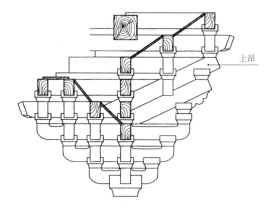

上昂

图 4-17　上昂
来源：潘谷西，何建中.《营造法式》解读 [M]. 南京：东南大学出版社，2005：102.

压在平榑下面、起杠杆作用的我们才称之为挑斡；而上昂不一定是
压在平榑下面，但它上面也是吃重的，也就是说上面还有构件，还
承托着重量。用图4-14来解释，上层的昂叫挑斡，下层的昂叫上
昂。比如有天花板的建筑，有可能将连接天花板的罗汉枋支撑起来
的斜向构件也会用上昂。所以，我们不能一看到斜向构件就认为是
挑斡，也不能认为外面没有昂嘴就认定没有昂了，要经常外面看看、
里面看看。

中国古代建筑中，特别是在宋代，昂的形式很丰富，它往往起
着结构作用，不是为了好看。但为了立面的齐整，比如为了和补间
一致，柱头铺作就会做成插昂。所以同学们要把各种形式昂出现的
位置以及内外结构搞清楚，不同的名称都是应不同的变化而来，不
要死记硬背。

下面再补充讲一下**昂嘴**的演变。昂嘴是指昂外出的端头部分，
我们可以从昂嘴形状看出各朝代的特征（图4-18）。总体的趋势
是由薄变厚。早期的昂嘴很薄，因为它是起杠杆作用的斜向构件，
所以端部越轻越好。早期的时候就是一根斜向构件前面砍掉，如日
本唐招提寺（建于公元753年，相当于南北朝时期）的昂嘴就是这
样的。尽管我们没有南北朝时候的木构遗存，但通过这个渊源关系

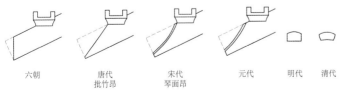

图4-18 昂嘴

可以想象到：在早期，这个构件的功能非常直白，它只是一个斜向构件，并没有什么装饰性。唐宋的时候，见得很多的是**批竹昂**，头上很尖，就像一根竹子劈出来的；宋代还出现了琴面昂；到了元代，琴面变成了类似三角形的形状，端头很厚……可以看出昂嘴的形式是随各时代建筑同步变化的。

（四）耍头木

那是不是有了斗栱、昂，整组斗栱就可以完成了呢？上一讲已经在铺作中谈到过，斗栱是对上下、前后、左右进行衔接的重要立体构件，其中我们说斗栱下面是和柱头，上面是和檐槫、撩檐槫等发生关系的，所以斗栱的构件组成还要有**耍头木**——与承托在撩檐槫下面的令栱垂直相交的构件，主要是把令栱和柱中心线上的枋木联系起来，起稳定作用（图4-19）。

耍头木的出头部分耍头，通常是一个单材，它的形状和加工方式是不一样的（图4-20）。在宋代，耍头木一般为足材，耍头

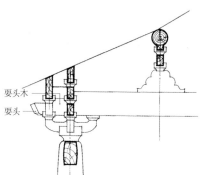

耍头木

耍头

图4-19　耍头木与耍头
来源：潘谷西，何建中.《营造法式》解读 [M]. 南京：东南大学出版社，2005：88.

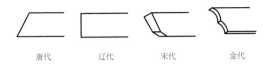

唐代　　　　辽代　　　　宋代　　　　金代

图 4-20　各代耍头形制选例

为单材，《法式》中常见的耍头样式称为**鹊台**。另外，各代实物中出现的耍头形式很丰富，有的耍头甚至做成昂的样子。耍头既受时代和地域做法的影响，又与建筑本身风格相协调，更和结构的需求与否相联系而变化。

（五）衬方头

　　衬方头也是斗栱组合中必不可少的一个构件，位置在耍头上方，起固定撩檐槫和后面中心线上枋木的作用。尽管在讲铺作时已经提到，但放在斗栱中还是要重申，因为许多同学不太重视。

　　讲了组成斗栱的构件以后，我们来看一组斗栱是什么？此时同学们一定不会简单地认为：斗和栱组合起来就形成斗栱了。一组斗栱，只要有出挑，少不了三个构件——栌斗、耍头木、衬方头。这样一来就有三层木头了，也是上一讲说过的铺作认读的方式，然后出一跳就增加一层铺作，曰四铺作，如出两跳就是五铺作。这种铺作和斗栱的关系（铺作数 = 出跳数 +3），可以让我们很真实地理解唐宋铺作是通过小构件的铺叠而构成大的承担结构作用的构造方式，同时可以理解垂直方向上的受力是一种以层叠为主的方式、重要的受力构件是足材的缘由。衬方头是铺作最上面的一层足材。

二、整组斗栱

经过详部做法组成的斗栱，在宋代大致有概念上的两种，而实际情形比较复杂。

（一）偷心造

造，就是做法。所谓**偷心造**（图4-21），就是整组斗栱在出跳的华栱端头不加瓜子栱、慢栱等横栱，结构交待得非常简单，就是为了出挑，类似于悬臂梁，但最上面一般会放令栱以解决和挑檐槫的衔接，并减小槫的跨距。

图4-21　天津蓟州区独乐寺山门柱头和补间铺作偷心造（20240417）

（二）计心造

什么叫作**计心造**呢？就是在出挑的华栱端头放上交互斗，上面还施横栱，组成一个立体的斗栱，就叫计心造，如河南登封少林寺初祖庵大殿所见（图4-22）。

这两整组斗栱，相对而言，偷心造主要是解决出挑问题，计心造看起来比较齐整，也比较饱满。天津蓟州区独乐寺观音阁顶层柱头采用计心造、补间采用偷心造，形象差别十分明显（图4-23），但是这里的补间偷心造斗栱小，令栱并未到撩檐槫位置，运用灵活。实际上，到了清代，已没有偷心造，这也证实我们前面讲的：后来的斗栱结构功能大大衰减了，而计心造的整体性特征得以强化，转化为建筑立面的重要内容。

图4-22　河南登封少林寺初祖庵大殿铺作计心造
来源：东南大学，潘谷西主编.中国建筑史（第七版）[M].北京：中国建筑工业出版社，2015：光盘－佛教建筑80.

图 4-23　天津蓟州区独乐寺观音阁顶层柱头计心造、补间偷心造（20240417）

三、特殊的斗栱

接下来讲一些特殊的斗栱。其实同学们刚才看计算机演示的建筑实物模型过程（动画演示略）以及建筑实景照片，应该已经发现，实物的斗栱并不像书上那么具有唯一标准性或者和《法式》完全相同。实际上，中国古代的《法式》尽管是一个规范，但并不是约束创造力的规范。它当时出台更大的作用还是前面讲的政府需求——要有这样一个本子来控制定额方面的内容等，但对于似乎并不规范的一些特殊的斗栱类型以及特殊的斗、栱、昂，也是存在的，有些也有术语记录。

（一）单斗只替

第一种叫作**单斗只替**（图4-24），整组看似像斗栱的构件。单斗只替实质上是一种不出挑的斗栱。用一个大斗承托梁头，斗上再加一根替木，上承槫，如北魏云冈石窟第九窟表达的。在很多仿古建筑中，我们会用到这种做法。它有斗栱的意味，但实际上是一种非常简单的构造做法。这种做法日本人叫作大斗肘木组合法（**替木**又叫肘木），他们把明确的几个构件都称谓起来了。

在实物中也可以看到单斗只替。大多数情况下，阑额和柱子之间是横向的榫卯连接，大斗和柱子之间是上下的榫卯连接，进深方

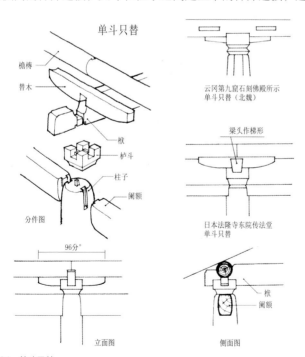

图 4-24　单斗只替
底图来源：潘谷西，何建中 .《营造法式》解读 [M]. 南京：东南大学出版社，2005：85.

向的梁头伸出来，上面加一个替木，再上面加檐槫，这种做法就叫作单斗只替。另一个案例是日本法隆寺东院传法堂的一个单斗只替，这里替木的长度做到 96 分°，像慢栱一样，很长。

（二）把头绞项作

第二种叫作**把头绞项作**（图 4-25）。把头绞项作和单斗只替一样，都不出挑。不同的是，把头绞项作的檐槫下方加的是一个斗

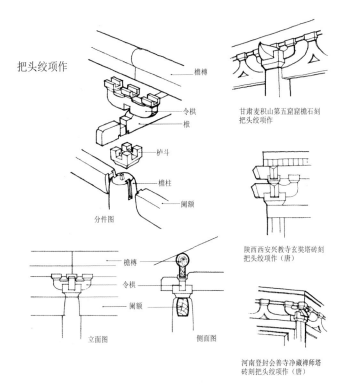

图 4-25　把头绞项作
底图来源：潘谷西，何建中 .《营造法式》解读 [M]. 南京：东南大学出版社，2005：86.

栱，不是替木了。从正面投形看，有一个耍头和一个斗栱，实际上是梁头做成了耍头。一个大斗三个小斗，有点像清代的"一斗三升"。所谓"**升**"，清代把散斗称为"升"。

　　再如把头绞项作的实物：甘肃麦积山第五窟窟檐的石刻，这就是把头绞项作，只不过它把梁头做得很大，而且做得尖尖的，后面还是"一斗三升"的样式；唐代的河南登封会善寺净藏禅师塔，它把梁头做成下昂一样，实际上它不是昂，是耍头；陕西西安兴教寺玄奘塔的砖刻把头绞项作，位于转角的地方。

（三）斗口跳

　　第三种叫作**斗口跳**（图4-26）。它是出跳的，但不是增加了

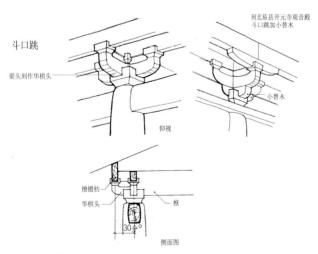

图4-26　斗口跳
底图来源：潘谷西，何建中.《营造法式》解读[M].南京：东南大学出版社，2005：87.

·层铺作，只是梁头出挑，把梁头做成栱的形状。这样一种把梁头做成挑头的形式就称为斗口跳。我们数数图中这组斗栱，充其量只有三铺作，所以我们不能说：加上这一跳就是四铺作。

以上都是斗栱组合里面的特例，不是真正的出跳的斗栱。

（四）蜀柱斗子、人字斗栱

另外，我们还经常见到在补间（特别是唐代建筑补间铺作做得非常简单），用斗加一根柱子，下面和阑额联系，上面和檐槫联系，这种叫作**蜀柱斗子**。它也是以斗的形式出现的。

在唐代，还经常可以看见**人字斗栱**（图4-27），于补间出现得较多。这些斗栱的作用主要是在跨度之间增加支撑点，减短槫料的长度也使得槫受力更合理，而出挑的问题则交给柱头斗栱（铺作）解决了。

图4-27　人字斗栱

（五）影栱（扶壁栱）

还有一种成组出现的栱，其实也就是沿着屋身中心线由泥道栱、慢栱和若干斗形成的一组斗栱，总称为**影栱**，也叫作**扶壁栱**（图4-28）。

图4-28   河南少林寺初祖庵大殿影栱
来源：东南大学，潘谷西主编.中国建筑史（第七版）[M].北京：中国建筑工业出版社，
2015：光盘－佛教建筑53.

以上谈的是整组斗栱特殊的变化方式。下面分别谈一下特殊的斗、栱、昂的构件。

四、特殊的斗、栱、昂构件

（一）连珠斗

连珠斗在《法式》里面没有相关记载，但实物中间有。

江苏苏州虎丘云岩寺塔，仿木构建筑。它的挑檐出来以后，令栱和华栱之间有一个高差，做单斗的话就连接不上，而如果把挑檐槫做低一点呢，屋檐就太陡，所以在这里，两个栱之间做了一个**连珠斗**。我们目前所知的连珠斗只有两个的，如果三个连起来，可能稳定性就不够了。这是第一种特殊的斗——连珠斗（图4-29）。

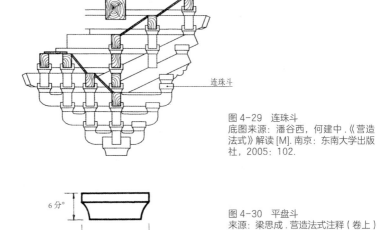

图 4-29　连珠斗
底图来源: 潘谷西, 何建中.《营造法式》解读 [M]. 南京: 东南大学出版社, 2005: 102.

图 4-30　平盘斗
来源: 梁思成. 营造法式注释（卷上）[M]. 北京: 中国建筑工业出版社, 1983: 242.

（二）平盘斗

所谓**平盘斗**（图 4-30），就是没有耳的斗。它通常出现在角梁的下面和角昂之间。在平盘斗的上面通常会放一个宝瓶（早期做得比较简单），与角梁联系。到清代的时候则是做成一个人，比如一位长者的形象、一个神、一个大力士……另外，屋子里面和梁联系的斗，也可以做成平盘。平盘斗的交接不存在水平方向的问题，只是上下承接的关系，上下有榫卯连接就可以了。

（三）交伏斗

交（绞）伏（栿）斗。交者，绞也，咬着的意思；伏者，梁栿也。交伏斗通常就是放在梁栿下面的斗（图 4-31）。它和平盘斗的区

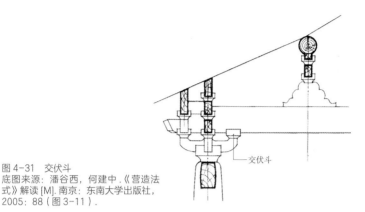

图 4-31　交伏斗
底图来源：潘谷西，何建中.《营造法式》解读 [M]. 南京：东南大学出版社，2005：88（图 3-11）.

别在于，平盘斗四个方向都不开槽，而交伏斗在和梁栿交接的方向会开一个大槽。

（四）交伏栱、骑伏栱、骑昂栱、绞昂栱

接下来讲特殊的栱。斗有交伏斗，那么栱也有**交伏栱**。所谓交伏栱，就是和梁下皮发生关系的栱。

与之相对的，与梁上皮发生关系的栱叫作**骑伏栱**。

大家不要以为所有的栱一定是通常矩形的断面，别的构件都要适应它，其实应该是小的构件去适应大的构件。有时候栱会和昂发生关系，这时和昂交接的栱的断面是一个斜面。檐外的、搁在昂上面的叫作**骑昂栱**（图 4-32）；檐内、置于昂下面的叫作**绞昂栱**。当栱和昂发生关系时，栱要适应昂，因为昂是起结构作用的构件。同学们要理解：虽然规范的栱断面是矩形的，但实际组合的时候在局部却可以相应变化。

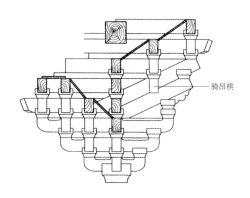

图4-32　骑昂栱
来源：潘谷西，何建中.《营造法式》解读 [M].南京：东南大学出版社，2005：102.

（五）列栱

此外还有一种不太好称谓的栱，出现在屋角。这种栱从顺屋身方向看是横栱，从垂直屋身方向看是华栱，我们把这种兼具两者身份的栱叫作**列栱**（图4-33）。

（六）鸳鸯交手栱

还有一种经常会在尽间和转角出现的栱，叫作**鸳鸯交手栱**（图4-34）。一种情况是栱很长，两个栱交接起来，有的时候就做成一根材料，然后面上刻成两个栱相交的样子。有时两组斗栱太近以至于相碰，于是就做成通长的一根材料，在上面做出或者隐刻栱瓣的曲线。这样的栱就叫作鸳鸯交手栱。

图 4-33 出现在转角铺作的列栱，以山西五台山佛光寺大殿转角铺作为例
底图来源：东南大学潘谷西主编 . 中国建筑史（第七版）[M]. 北京：中国建筑工业出版社，
2015：光盘 - 佛教建筑 16.

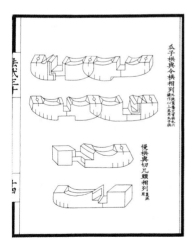

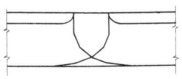

鸳鸯交手栱
来源：梁思成 . 营造法式注释（卷上）[M].
北京：中国建筑工业出版社，1983：241.

图 4-34 外跳鸳鸯交手栱
来源：李诫 . 营造法式（陶本）[M]. 上海：
商务印书馆，1929：卷三十 .

（七）隐栱

还有一种栱称为隐栱，是扶壁栱中的特殊类型。柱头与柱头之间，如果不做出挑的斗栱，可以做成人字斗栱或者斗子蜀柱，也可以做成隐栱。所谓**隐栱**，就是柱头之间以枋木（一个材高）连接，枋上刻出栱的样子。与鸳鸯交手栱不同，隐栱不是真正的栱。也有一种情况，我们现在仿古的时候经常用到，把栱的形状贴上去，显得稍稍有点凸出来，栱间做半拉子的斗，枋木之间施**编竹抹灰造**——用竹枝编成面状作为围护结构、两面抹白灰的做法。

（八）丁头栱、虾须栱、斜栱

我们再谈一下**丁头栱**。丁头栱在皖南建筑尤其是明代住宅中很常见。它主要是用于柱梁交接的时候，处于丁头处，丁头栱的栱只有半截，所以又叫半截子华栱（图4-35）。栱、柱、梁之

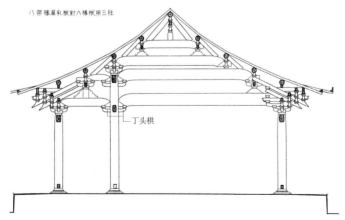

图 4-35　丁头栱
底图来源：梁思成. 营造法式注释（卷上）[M]. 北京：中国建筑工业出版社，1983: 284.

图 4-36　浙江宁波保国寺
大殿丁头栱眼为梁的材料
和实料（20030823）

图 4-37　安徽歙县明代住宅丁头栱眼雕刻花纹
来源：东南大学，潘谷西主编.中国建筑史（第七版）[M].北京：中国建筑工业出版社，
2015：光盘－住宅与聚落 157.

间是栱眼，宋代浙江宁波保国寺大殿是填实的（图 4-36），明代皖南一带常在这里雕刻云纹之类漂亮的纹样（图 4-37）。半截子华栱在平坐下面出现得很多，如山西应县木塔平坐层丁头栱承托着平坐；日本奈良东大寺大殿，用丁头栱做成相当于悬臂梁的构件，用在屋外（图 4-38）。

另外还有与丁头栱相似作用的一种栱，叫作**虾须栱**。所谓虾须栱，就是半截子华栱出里跳，通常在转角。它是一个斜置的栱。所

图 4-38　日本奈良东大寺大
殿丁头栱形成偷心造斗栱
（20120811）

以虾须栱在《法式》中称为里跳转角者。福建福州华林寺大殿的转
角和浙江宁波保国寺大殿转角（图 4-39），内置虾须栱。

　　如果说到虾须栱的起源，那么它还和斜栱有关。所谓**斜栱**就是
在斜向出现的栱。尽管斜栱在实物中出现得很多，但《法式》中没
有谈到。很多地方会给斜栱一个名称，叫作**骑槽斜栱**，或者叫作**骑
槽斜华栱**，也就是说，它主要还是承担出挑的作用，我们在一些古
建筑实例中不乏所见（图 4-40、图 4-41）。

图 4-39　浙江宁波保国寺宋大殿转角里跳虾须栱

图 4-40　山西大同善化寺大殿补间铺作用斜栱（上）；山西大
同善化寺大雄宝殿补间铺作用斜栱（下）
来源：东南大学，潘谷西主编 . 中国建筑史（第七版）[M]. 北京：
中国建筑工业出版社，2015：光盘－佛教建筑 82.

图 4-41　山西应县木塔补间铺作用斜栱

（九）丁华抹颏栱

所谓**丁华抹颏栱**，后来也称为**翼形栱**，就是形状像翅膀一样的栱。这个美丽的蝴蝶会出现在哪里呢？通常出现在脊槫下方和斗交接的部位，顺着斜向的叉手构件，在华栱出挑的上部抹了一下——做成翼形，既好看又可以承托叉手（图 4-42）。在山西五台山佛光寺大殿补间斗栱交互斗上的像蝴蝶一样的栱也是翼形栱（图 4-43）。

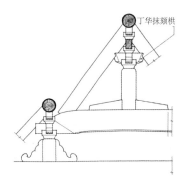

图 4-42　丁华抹颏栱
来源: 梁思成. 营造法式注释（卷上）[M]. 北京: 中国建筑工业出版社，1983: 263.

图 4-43　山西五台佛光寺大殿补间第一跳交互斗上用翼形栱（20240712）

如果是彻上明造，到明代时翼形栱雕刻较多，但叉手构件不用了。后来这个形状在明代做成像官帽两侧的耳状，叫**枫栱**，是不是来自于封官的"封"，就没有考证了。

（十）特殊的昂

在唐宋期间，昂是一种比较重要的构件。前面已经提到过插昂和上昂，不再多讲。昂后尾和内部构架之间连接时，有很多处理的方式。在《法式》中，昂的后尾是通过斗、栱或者斗栱与之进行联系的。但也有很便捷的做法，像宋代浙江宁波保国寺大殿，就是用斗子蜀柱压住昂的后尾。在天津蓟州区独乐寺观音阁落架的时候爬上去看，简直不敢相信：里面很多有高差的地方都填着碎木头，但这么多年，结构也没有破坏，昂的后尾就这样被硬生生地压着就行。

再补充说一下：有时候，同学们看到的昂并不是真正的昂，只是耍头做成了昂的形式——耍头的出头部分经过加工成昂嘴而已。

五、宋清斗栱比较

最后，为了加深理解，我们对唐宋斗栱和明清斗栱进行一些比较。

第一，是称谓的不同，唐宋的时候或曰铺作或称为斗栱，明清只叫作斗栱。在唐宋以前和以后都没有铺作这个叫法，只有唐宋这么叫，这是有原因的，铺作这个称谓反映了唐宋期间斗栱的特殊构造方法。所以在《法式》中讲斗栱，不单单是指斗、栱、昂所形成的整组连接，还包括柱头枋、撩檐枋、耍头木、衬方头等，这些才统称之为铺作。层层叠起来形成整体的势，但每一个构件又是不一样的，这一层一层小木头复叠的构造做法，在宋代以前的典籍中间，以及宋代以后的建筑技术专辑，包括公文、杂记里，都不曾再见到。所以清华大学徐伯安先生认为，铺作和斗栱并不相当，至少对唐宋而言如此。他认为，铺作在当时就是指一种铺叠、层叠的构造做法，可能不仅仅出现在我们后来讲的斗栱部分。另外，也有人认为铺作是民间匠师用的指代范围更广的术语。明清的时候叫作斗栱，主要侧重指代斗和栱，不包括昂的结构价值。实际上在明清的概念里，昂的作用已经消失或者很淡化了，主要就是用斗和栱组成斗栱。所以也可以说，斗栱这个称谓很好地反映了明清时期这个部分尤其是清代宫廷建筑的做法。

第二，从布置上进行比较，最重要的区别在补间（图 4-44、图 4-45）。唐宋期间补间的斗栱布置非常疏朗，通常做一朵，最多做到两朵。但是到明清，柱间斗栱（**平身科**）做得很多很密，多的可以达到八攒，甚至更多。而且，唐宋期间开间没有很明确的规定，但清代却规定得很死，相邻两组斗栱之间的中心线距离必须是 11 斗口，如果补间放六攒，那么开间就是 77 斗口。就是说，一旦斗栱数目随建筑等级确定，斗口数确定，那么开间就确定了。这时候，斗栱的数目已经成为等级的体现，也是立面的重要构成，不像唐宋铺作主要承担结构作用，形式变化的可能性很大。

第三，是用料。我们以实物中所见最大的用料为例进行比较。唐代佛光寺大殿的用料基本上是 30 厘米 ×20 厘米，清代故宫太和殿、太庙大殿的用料最大做到 12 厘米 ×9 厘米。可见后代比前代用料变小很多。

图 4-44　山西太原晋祠宋圣母殿补间铺作均为一朵

图 4-45　北京故宫清乾清门平身科六攒

这种称谓和布置上的差异，我们要给予特别地关注。"铺作"反映的是上下关系、构造关系以及小材料的关系；同时，在材等上我们注重材的高度变化是重要的，单材和足材与否都体现的是受力尤其是压重关系（图4-46、图4-47）。清代官式建筑，尤其是雍正年间（1723—1735年）以后，以斗口（材的宽度）为模数，实际上关注焦点已转移到立面上来，而不主要是上下承重问题（图4-48）。

第四，我们从建筑立面的比例关系进行比较（图4-49）。斗栱高度与柱子高度的比例在唐代（据佛光寺大殿）是1：2，宋代是1：3左右，明清是1：4.5。所谓斗栱高度，就是栌斗的底皮到撩檐槫下皮的垂直距离。从上述比例的变化可以看出：斗栱所承担的整体结构作用是越来越小了。

第五，比较一下功能。在唐代，斗栱的功能比较清楚，柱头上

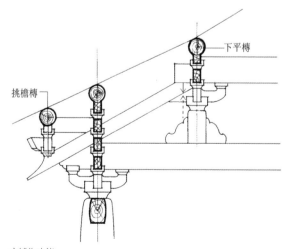

图4-46　宋铺作功能
底图来源：潘谷西，何建中.《营造法式》解读 [M]. 南京：东南大学出版社，2005：89.

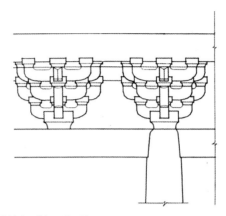

图 4-47　宋铺作柱头和补间耍头一致
来源：梁思成．营造法式注释（卷上）[M]．北京：中国建筑工业出版社，1983：254．

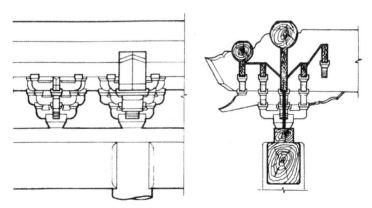

图 4-48　清斗栱功能及柱头科梁头和平身科耍头与宋代的差异大
来源：马炳坚．中国古建筑木作营造技术 [M]．北京：科学出版社，1991：228．

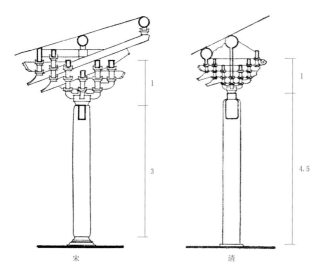

图 4-49　宋清斗栱与柱高立面比例
底图来源：梁思成．清式营造则例 [M]．北京：中国建筑工业出版社，1981：12．

常用偷心造，补间常用不出挑的横栱或者其他形式。在宋代，建筑既有用偷心造，也有用计心造的。判断斗栱是否起结构作用，主要是看昂有没有起到杠杆的作用，也就是说，是真昂还是假昂。昂尾压在下平槫下面、下昂托起檐部，便起到了杠杆作用，这就是真昂。这里的华头子也是真华头子，所谓真华头子，和华栱是成一体的，承托着昂。到了明清，所谓的昂，后尾和下金檩基本不发生关系（同学们去看斗栱，一定要屋里屋外都看看，不要忘了去看看它是否是连续性构件）。到了明清，均为计心造，只有一种斗栱还有一点点真昂的意味，那就是**溜金斗栱**——"溜金"，不是斗栱镀上金色（当然溜金斗栱一般用于等级比较高的建筑），而是昂的后尾溜到了金檩以下，道理通真昂，但是它的杠杆作用已经削弱了很多，在外檐，它是个横向的构件（图 4-50）。明清时候，华头子和其上的华栱是分开的，断面也比华栱要小，不再是真的华头子。这些变化都是有原因的。早期华头子是承托昂的构件，而到了清代，昂和斗、栱的作用已经退化，柱与梁更直接产生关系，因此华头子也无需起承托作用了。

　　最后，比较一下斗。唐宋时候，补间和柱头上的斗是一样大的。到了明清，由于更加强调柱梁之间直接的交接，落到柱头上的梁头会非常大，而斗栱的斗非常薄。就是说，明清时补间的斗和柱头的斗是完全不一样的。明清时**柱头科**（柱上方的斗栱）上的斗开槽大到 4 个斗口，而唐宋时只有 1 个斗口（单材厚度）。其次，唐宋时，斗的欹是曲线；而到了明清，欹变成直线的，下料非常方便。

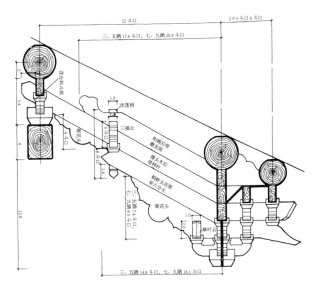

图 4-50　溜金斗栱
来源：王璞子 . 工程做法注释 [M]. 北京：中国建筑工业出版社，1995：461.

　　如上介绍与大木作的殿堂(阁)作和厅堂作密切相关的斗栱——
或者说是铺作，其做法与原理、名称与构造、材等与级别、常规与
特殊、作用与变化等，均表明这个立体的建筑构件或者说组成，是
大木作之关键，唯有充分了解它，后面方可对大木做法有深入认知
并迎刃而解相关问题。

第五讲

大木作之构件

对于中国古代木结构建筑而言，大木作就是建筑结构，尽管斗栱（铺作）是其中一组传重和转换悬挑的重要组成，其材分还是计算单位，但是在所谓"大木"——就是对建筑起支撑作用的结构中，断面较大的大木相关构件则是最必不可少的。

一、柱

（一）构件的柱

首先要讲的是柱作为构件的状态。很显然，如檐柱是直接承接在栌斗下面的重要的承载构件。形态上，《法式》中主要提到两种：一种是直柱，一种是梭柱（图5-1）。

直柱：非常简单，它的上下柱径相等，但是有一定的高细比。若称直径为 D，高为 H，那么 D/H=1/7 ～ 1/10。到明清时，高细比更大些，也就是柱子更显瘦了。

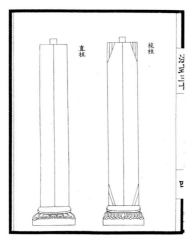

图 5-1　直柱、梭柱卷杀
来源：李诫.营造法式（陶本）[M].上海：商务印书馆，1929：卷三十.

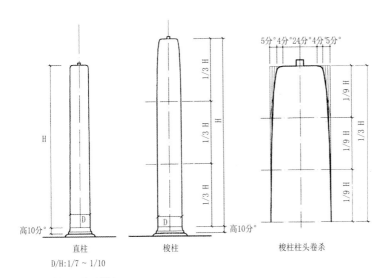

图 5-2　柱子及卷杀做法
来源: 潘谷西, 何建中 .《营造法式》解读 [M]. 南京: 东南大学出版社, 2005: 65.

梭柱: 大约 2000 年时, 建筑史界还在讨论梭柱是不是起源于中国? 有人认为它可能来自西方, 也有人认为它就是中国本土产生的。所谓梭柱, 就是将柱子端头砍杀形成卷杀, 去除多余的材料。这种形式显然比较符合木头的性能, 这和斗栱的栱两端直角被砍杀掉是一样的道理。

梭柱在宋代成为一种很规范的做法, 它从离柱上端 1/3 的位置开始向上收分, 具体做法如图 (图 5-2)。这种切割方式就叫作卷杀, 在斗栱等很多带有曲面 (其实是折面) 的构件中都可以看到。了解了卷杀的做法, 同学们再去摸实物中的弧线, 就会发现它其实是折线。

至于为什么是梭柱? 我想有这么几个原因: 一是将栌斗承受的重量更均匀地传递到截面更大的柱子上; 二是梭柱比较饱满, 视觉上更加好看；三是如果柱子直升上去是大于栌斗底面的，将形成积水面，所以梭成柱顶和栌斗底面差不多大小则避免了这个问题。当然，宋代大量的建筑已经不是柱顶直接和栌斗连接了，这相对于唐代来说，也是一种改革。

《法式》图样中梭柱上下两端都是做卷杀形成两头梭的，实际在南方也多见。比如江苏、安徽、浙江、福建的宋明建筑中便可看到既上梭又下梭的柱子，柱子中间很饱满，像穿了大袍子。所以关于梭柱的起源问题，应该是既包含受力合理性的问题，也包含审美习惯问题，并不一定和西方有前后传递关系存在。

当然，在实际的建筑中，除了直柱和梭柱，还有瓜楞状的柱子等，如浙江宁波保国寺大殿的柱子（图5-3），是早于《法式》成

图5-3　浙江宁波保国寺大殿瓜楞柱
来源：东南大学，潘谷西主编.中国建筑史（第七版）[M].北京：中国建筑工业出版社，2015：光盘－佛教建筑57.

书年代的，但是在《法式》中没有提及，不过在《法式》中有"合柱鼓卯"的记载和图示，说明拼合柱是一种做法。因此可以理解《法式》的编撰目的不是记录样式，而是表达做法的可能，从而有"法"可依，而"式"可能是多样化的。

（二）建筑中的柱

柱子在建筑中的放置，是十分有讲究的。

侧脚：就是柱子上皮中心线和下皮中心线之间形成一个位移，也就是说柱子是斜置（内倾）的（图5-4）。从正立面看，这个位移是1/100的柱高。进深方向的数值稍微小一点，为0.8/100的柱高。这些位移在实际中很小，但有了侧脚，整座房子实际上是一个

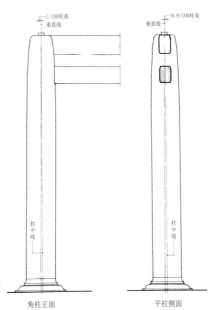

图5-4　侧脚
底图来源：梁思成. 营造法式注释（卷上）[M]. 北京：中国建筑工业出版社，1983：259.

梯形的结构层，非常稳定。如果不做侧脚，那么大屋顶压在上面，柱子很容易外倾成为受拉构件，房子就可能倾翻；而做成侧脚，当大屋顶向四角和四向传重时，柱子由柱顶到柱脚则成为受压构件，对于木质材料来说，越压越密实。

按西方的美学习惯，往往从人的视觉来谈问题。比如他们可能这样解释侧脚：屋顶感觉很大，那么，如果柱子是直的，在视觉上下面是收进来的；相反，如果柱脚往外放，在视觉上就显得很直很稳定。对这样的审美观，同学们在本科学西方建筑史的时候应该已经有所认识。然而，在中国古代木构建筑中出现侧脚，可能有美学上的考虑，但更重要的是——侧脚使柱子成为一个越压越紧的受压构件，使整个结构越压越密实，所以我怀疑现在测量到的唐宋建筑高度或许和当时建造完成的实际高度是不一样的，毕竟过去千年了。

我们在具体设计时，除了要知道单个构件的局部做法，也要知道构件在整个建筑中所承担的作用，如了解侧脚这一类的做法。在具体设计建造仿古建筑的时候，侧脚的存在可能会产生一个问题：平面图是以柱子上皮，还是下皮或柱中的尺寸为准来放线？在《法式》中说得非常含糊——解释侧脚作"柱首微收向内，柱脚微收向外"，这样说来好像是以柱中为准。而在大量的现代建筑书籍中，古建筑的平面是以柱脚为准画的——测绘时测柱脚。实际上，根据经验以及实物考察折算成宋尺，应该是以柱顶为准。为什么呢？因为宋代的柱间距直接要考虑是否有补间铺作？有多少？只有以柱顶为准来计算尺寸，才是真实考虑铺作和柱子的关系的，或许依此换算成尺制，估计小数点不会多。《法式》殿堂（阁）类中的"地盘图"，实际上就是放斗栱那层的平面图，所以可以看到地盘图的

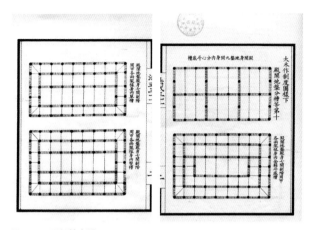

图 5-5　殿阁地盘图
来源：《李明仲营造法式三十六卷》，民国十八年十月（1929 年 10 月）
卷三十一．

间隔数标识，就是铺作的定位图，也就是说古人定尺寸很在意铺作
这层的尺寸（图 5-5）。古人不会笨到以柱脚来计算，使柱顶间距
离收到不好控制的尺度，然后再在上面放斗栱，这样就很麻烦了。
特别是考虑到补间斗栱和柱头斗栱会不会打架时，绝对是以柱顶为
准来定尺寸的。所以同学们以后碰到类似的问题，即便不是古建筑，
只要有侧脚的，画图的时候都要考虑是以上面为准还是以下面为准
的问题。我认为"侧脚"本身这个词就很形象——如人做"稍息"
的动作，是从上而下的运作；而**收分**是侧脚的反过来说法，我
认为砌墙体，就应该叫"收分"，自下往上收，进行砌筑。比如西
藏的布达拉宫，它就是有收分的，做到这样的建筑时，同学们一定
要给出上面、下面两个尺寸，两点定一条线，这样才能做出一道收
分的墙。

生起：另一个要讲的是与柱子有关的生起（后来写作"升起"）。生起实际上也是为了使建筑的重心在中间。所谓"**生起**"，就是屋脊或檐口或在内部槫的放置上，中心线高度相对于端头高度有一个高差。屋脊的生起很简单，就是在槫的端部加一个三角形的木头，叫**生头木**。生头木的高度就是槫的直径（图5-6），再在上面加椽子，屋脊自然就升起来了。也有的室内柱子自明间而两侧也有变化，在脊槫和平槫自中心线而两端已经抬高的前提下再加生头木，整个屋顶的飘逸感更强，当然这是比较繁琐的做法。但檐口除了在檐槫上用生头木之外，还通过柱子从明间向两边逐个抬高、联系的梁（阑额）实际上是斜的，这样的生起在宋代是普遍的，使檐口形成一条非常柔和的曲线（图5-7）。我们说古代建筑看上去很有弹性、很有张力、很丰满，都是由于这样一些具体的做法。

生起是有一定讲究的，和建筑的开间有比较稳定的关系，宋代的规定如表5-1，但是后两种没有看到实物。

屋身生起（角柱上端中心线相对明间中心线抬高的距离）　　表5-1

开间数	三间	五间	七间	九间	十一间	十三间
生起高度	2寸	4寸	6寸	8寸	10寸	12寸

学了《法式》，同学们就知道即使一个柱子也很有学问。从单个构件而言，需要加工，尤其要了解在建造中，不但在平面上放柱子的时候要考虑到侧脚，而且下料的时候要注意到各个柱子是不一样高的，否则生起就做不出优雅柔和的效果。如果没有这个概念，对于柱子，只画出一个柱径、一个高度，统一下料，就建不成宋式建筑了。

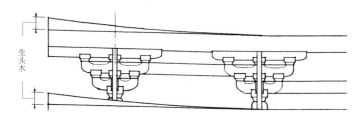

图 5-6　生头木
底图来源：梁思成．营造法式注释（卷上）[M]．北京：中国建筑工业出版社，1983：262.

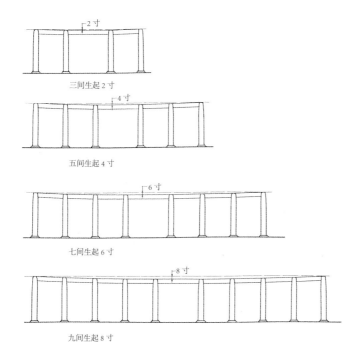

图 5-7　屋身生起之制
来源：梁思成．营造法式注释（卷上）[M]．北京：中国建筑工业出版社，1983：260.

二、梁

（一）建筑中的梁与称谓

先示意一下不同部位的梁的称谓，如图5-8，这是一座重檐的殿阁类建筑。**平梁**架两根椽子，**四椽栿**架四根椽子，**六椽栿**架六根椽子，以此类推。这个概念非常重要，几椽栿就跨几个步架。所谓**步架**，相邻两槫（檩条）之间的水平距离叫一个步架，一个步架上架一根椽子。**乳栿**一般是在下檐内侧和主体之间连接的短梁，乳栿上面更短的梁叫作**劄牵**或牵梁。以上这些不管叫作梁也好，称为栿也好，都是梁。另外还有顺屋身方向连接柱与柱的梁，叫作**额**；位于檐下的叫作**阑额**，在室内的叫作**内额**。

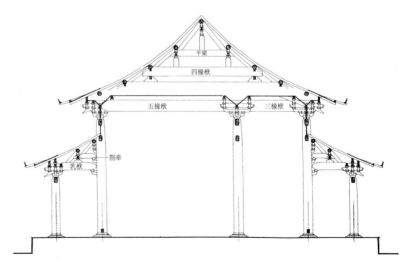

图5-8 梁
来源: 梁思成 . 营造法式注释（卷上）[M]. 北京: 中国建筑工业出版社, 1983: 277.

从平面看，在角部有垂直角梁方向斜置的梁，宋代叫作**抹角栿**，明清叫作抹角梁（图5-9）。为了架起山面，有时用抹角栿，栿上放柱，柱上再架梁栿以承山面部分。也有不用抹角栿，用**递角栿**——顺着角梁方向的水平梁，明清叫作递角梁；

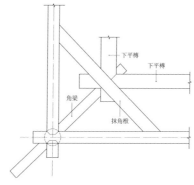

图5-9　宋式抹角栿法示意

而用与山面垂直的小梁，称为**丁栿**。丁栿有两种放置方式：一种是直接搁在柱子上或水平向插在内柱中；另一种是架在大梁上清代曰"趴梁"（图5-10）。无论用抹角栿、递角栿，还是丁栿，或者无论丁栿怎么放，关键是要把屋顶的山面架起来。在山西介休的明代建筑袄神楼的底层，既可以看到递角栿，也可以看到抹角栿（图5-11）。同学们去看实物，遇到梁架看不明白的时候，首先注意一下屋顶的位置，看它与柱梁之间的关系是如何交代清楚的。

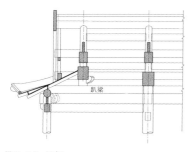

图5-10　趴梁
底图来源：马炳坚.中国古建筑木作营造技术[M].北京：科学出版社，1991：38（图2-21）.

图5-11　山西介休袄神楼底层用递角栿和抹角栿（20240714）

（二）梁作为构件

以上讲的是梁的称谓以及各个部分的梁所承担的作用。具体来说，梁的形态有直梁和月梁之分。

直梁：一般出现在殿堂（阁）类的草架之上，也就是在天花板的上面，人们看不见，所以就没有雕琢修饰的必要了。直梁的加工比较粗糙，甚至是不加工，比如有节疤的木头，砍掉节疤反而不结实了。如果用在余屋类的建筑中，不用斗栱，通常也就做成直梁，这时梁的下面用榫卯和柱子联系，上面挖出**抱槫口**以放置槫，端头的形式称为**切机头入瓣**（图5-12）。

月梁：主要出现在比较重要的厅堂类或者是殿堂（阁）类的天花板以下，所以往往会和斗栱相联系。而月梁主要是露明的，因而加工比较讲究、精细。我们知道，梁头以一个足材的高度伸出檐外成为耍头木，而梁本身却是很粗大的，那么之间的截面转化如何实现呢？这里就要用到砍杀的办法，以曲面方式把宽截面变成窄截面，把高截面变成矮截面，这样，梁头部分就成为耍头木，和斗栱进行连接了（图5-13、图5-14）。

另外，宋代的时候，已经产生了**裹栿板**（图5-15），以解决取不到大料的问题。所谓裹栿板，就是用几块木料拼合成梁，外面用板包起来，这层板就叫作裹栿板。裹栿板是伴随拼合梁栿而产生的。大家不要以为唐宋时候都是取很大的料，那时已经有拼合柱，在《法式》中称为**合柱**（图5-16），

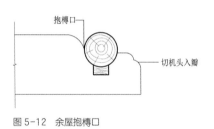

图5-12　余屋抱槫口

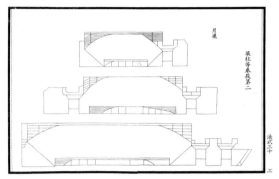

图 5-13 月梁端头做法
来源：李诫.营造法式（陶本）[M].上海：商务印书馆，1929：卷
三十.

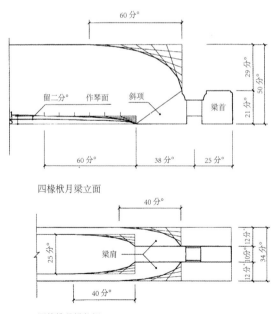

图 5-14 四椽栿月梁端头做法
底图来源：潘谷西，何建中.《营造法式》解读 [M].南京：东南大
学出版社，2005：70.

图 5-15　裹栿板
来源: 潘谷西, 何建中.《营造法式》解读 [M].
南京: 东南大学出版社, 2005: 70.

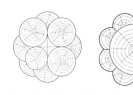

图 5-17　浙江宁波保国寺宋大殿拼合柱
来源: 东南大学建筑研究所. 宁波保国寺大
殿: 勘测分析与基础研究 [M]. 南京: 东南大
学出版社, 2012: 87.

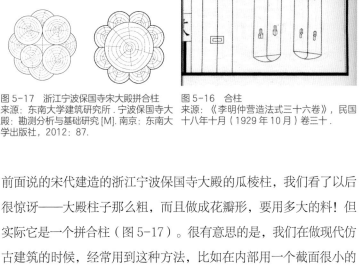

图 5-16　合柱
来源:《李明仲营造法式三十六卷》, 民国
十八年十月（1929 年 10 月）卷三十.

前面说的宋代建造的浙江宁波保国寺大殿的瓜棱柱, 我们看了以后
很惊讶——大殿柱子那么粗, 而且做成花瓣形, 要用多大的料! 但
实际它是一个拼合柱（图 5-17）。很有意思的是, 我们在做现代仿
古建筑的时候, 经常用到这种方法, 比如在内部用一个截面很小的
钢筋混凝土柱子, 外面根据形式的要求做成圆的或是多种组合断面
的。当然, 这时候需要考虑钢筋混凝土和木头两种材质之间的收缩
问题, 往往需要留出一定的空隙。

　　这种拼合的做法到明清时候叫**拼帮**。伴随拼帮产生了一些特殊
的做法, 尤其是在皇家建筑中, 不是简单的用裹栿板, 而是采取更
复杂的处理方式。以柱子为例, 拼合柱外面要裹一层麻布, 抹一层
灰, 称"**披麻捉灰**"; 再裹一层, 再抹灰, 如是重复。裹的层数越多,

柱子的外观越平整，然后再施彩画或者油漆。

顺带讲一下，明清彩画和宋代彩画很大的区别在于：明清彩画很多用油漆，涂在披麻捉灰上，形成一层厚厚的硬壳。今天在古建筑维修的时候可能会看到：柱子外面有一层壳，像泥一样，和布裹在一起。而宋代的建筑，像河南登封少林寺初祖庵、河北正定隆兴寺大殿，如果梁栿条件好，稍作处理后就直接在上面做彩画了，没有厚底灰这一层。这个时期用的主要是植物和矿物颜料，就是通常讲的国画颜料，比如朱砂、丹青、藤黄等。

另外，清代的拼帮也有直接把拼帮做法暴露出来的。比如清陵的祾恩殿（图5-18），外面没有做披麻捉灰，它的料本身就很好，是金丝楠木，因此只用金属构件箍起来，拼缝直接暴露在外。

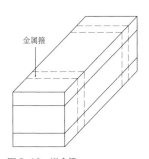

金属箍

图 5-18　拼合梁

三、额枋

前面提到了额，额有时与枋不分，阑额又称**额枋**。

首先说一下宋代的情况：如果有补间铺作，阑额就不仅是联系构件，还得承重，断面会比较大，高宽比大概是 3：2；如果没有补间铺作，显然阑额就只是联系构件，此时阑额断面的高宽比大概是 2 ：1（图 5-19），阑额下方有时也用**由额**（小一点的额，主要为联系构件）。

唐代和宋代初期，柱与柱之间主要用阑额联系，但随着宋代斗栱的发展，补间斗栱日趋成熟，随之出现了一个问题——如果阑额截面厚度太窄就不足以放栌斗。在这种情况下，**普拍枋**出现便是自然的事了（图 5-20）。所谓普拍枋，就是柱头上放通长的扁枋。扁枋下置长方形枋，与柱子之间用榫卯交接，至尽间伸出柱外，端头部分有做成斜切的或折线形，也有做成直的。普拍枋和枋（阑额）的断面呈 T 形，二者形成额枋，共同担当着原来阑额的作用。而此时的用于水平联系的枋，一方面承托着普拍枋，另一方面起拉结作用，它的断面可以取得更小，高宽比大概是 3 ：1。这样一种方式，既解决了补间斗栱需要承托的问题，同时又可以用两个相对小的拼合材料完成功能的需求。所不同的是，原来是柱子和栌斗发生关系，而现在是普拍枋和栌斗发生关系，普拍枋与柱子上下联系（图 5-21）。这种混合构件形成的额枋在宋代建筑中比较多见，而用独立构件阑额的在唐代建筑中比较多见。

再延伸说一下。到了明清，补间的斗栱越来越多，但越来越小，这时叫作"平身科"。相应地，坐斗也小了，所以明清的普拍枋断面变得窄窄的厚厚的，既能适应变小的坐斗面积，又能满足斗栱加多而承载功能很好的需求。这时的普拍枋叫作**平板枋**，它下面用**大额枋**、**额垫板**、**小额枋**三个材料承担原来额枋的作用（图 5-22）。比较从唐代到宋代到清代之阑额、普拍枋、额枋的断面变化，我们可以看到材等、构造等方面的变化，而这些变化和建筑整体的变化都是有关的，尤其和斗栱的设置变化有关。我们不能简单地认为清

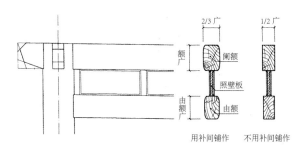

2/3 广   1/2 广

额广   阑额
照壁板
由额广   由额

用补间铺作   不用补间铺作

图 5-19 阑额与由额
来源：潘谷西，何建中.《营造法式》解读 [M]. 南京：东南大学出版社，2005：72.

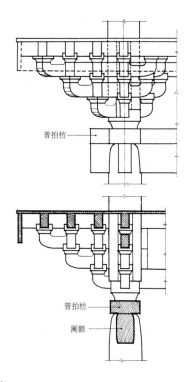

普拍枋

普拍枋

阑额

图 5-20 普拍枋
来源：梁思成. 营造法式注释（卷上）[M]. 北京：中国建筑工业出版社，1983：250.

图 5-21-1　山西大同善化寺普贤阁
（金）——普拍枋和阑额形成 T 形
来源：东南大学，潘谷西主编 . 中国建
筑史（第七版）[M]. 北京：中国建筑工
业出版社，2015：光盘 – 佛教建筑 86.

图 5-21-2　河北正定隆兴寺大殿（宋）——普拍枋直接承托栌斗
来源：东南大学，潘谷西主编 . 中国建筑史（第七版）[M]. 北京：中国建筑工业出版社，
2015：光盘 – 佛教建筑 35.

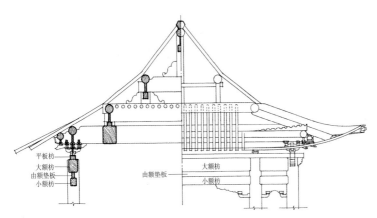

平板枋
大额枋
由额垫板
小额枋
由额垫板
大额枋
小额枋

图 5-22　清代额枋
来源：梁思成.清式营造则例[M].北京：中国建筑工业出版社，1981：111.

代相对于唐宋建筑的变化是材料和形式繁琐了，其实有许多相互关
联性的要素共同导致结构和外观的转型。

四、枋

再回过来讲宋代建筑。我们前面讲到许多枋，出现在铺作中；
而这里讲柱梁时，有时为了增强阑额（额枋）和柱子的交接关系，
在端头下面会有一块小小的枋木，常常是一个足材高，叫作**绰幕枋**。
绰幕枋做成蝉肚似的一节一节，就叫作**蝉肚绰幕枋**。一看到这样的
枋，我们就可以判断是宋代的建筑。也有在进深方向，一榀屋架的
柱和梁之间有一块枋木，式样很简单，叫作**楂头**（图 5-23）。绰
幕枋后来发展成为**雀替**。渐渐地，雀替雕饰得越来越细致，有的还
镂空，像挂落一样，完全失去了承托作用，成为装饰构件。

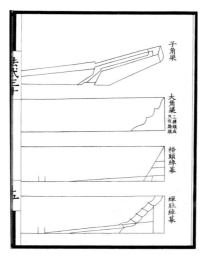

图 5-23　蝉肚绰幕枋和楷头绰幕枋等构件的做法
来源: 李诫. 营造法式（陶本）[M]. 上海: 商务印书馆，1929: 卷三十.

五、串

串也是辅助的大木构件，以使建筑更加稳定。往往一个串的料，就是一个材。哪些地方会出现串呢？比如在阑额部分，特别在一些小庙里，找不到很大的阑额，就会用串来解决。上面的叫作**上串**，下面的叫作**下串**（图 5-24）。另外，脊槫下面也会出现串，叫作**顺脊串**。有时候房子很高，梁的位置也高，不稳定，特别是做重檐的时候，这时就会在梁下增加一个构件，断面很小，我们称之**顺栿串**。此外，在顺屋身方向也会有串，以连接两榀屋架，叫作**顺身串**。这些名称与构件所在的位置都是相配套的。

再说一个特殊的串，叫作**襻间**。过去大襟衣服上扣住纽扣的环就叫作襻。什么是襻间呢？《法式》讲的位置有两种，"彻上明造"时襻间位置比较高，在蜀柱上方；在平棊上谓之草襻间，位置应比

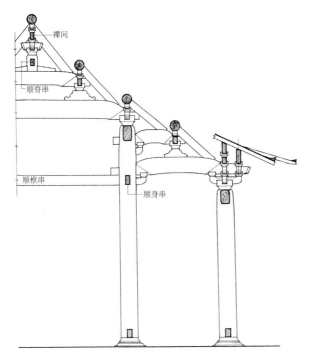

图 5-24　串
来源：梁思成．清式营造则例 [M]. 北京：中国建筑工业出版社，1981：
262.

较低。这里用以联系两榀屋架，表达的是襻间可能的位置，更主要
是它的料等或一材或二材或全条方，有时候明间不放置以使得空间
高畅，而次间及其以外两榀屋架间均有。

　　讲到襻间，想起上次讲的特殊斗栱中的丁华抹颏栱。我们知道，
唐宋时候平梁上面会有叉手，叉手连着脊槫，而且柱和梁、槫都是
通过斗栱连接的，不是柱子直接顶着槫。这样，在叉手和蜀柱之间
就会有一个栱，这个栱是变形的，卡在叉手底部，而蜀柱底部有合

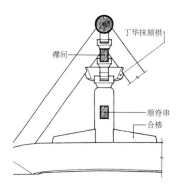

图 5-25　合楂
底图来源：梁思成 . 营造法式注释（卷上）[M].
北京：中国建筑工业出版社，1983：263.

楂相挟持，再加上有襻间联系、又有顺脊串，屋架之间的关系就非常稳定（图 5-25）。由此我们知道，要真正完善一个木构建筑，需要很多细部做法共同配合。

六、槫

槫是架起屋面的重要构件，槫放在屋架上方，上再置小料椽子，之后就可以铺屋面了。槫本身不复杂，根据屋顶高低有脊槫、平槫、檐槫等，但是定它们被放置的高度十分重要，和大屋顶的设计有关（图 5-26）。

关于槫的端头构造做法，一种情形是：在檐槫和脊槫甚至在每根槫端上方加生头木（图 5-27）。另一种情形是：在做五脊殿清代曰**庑殿顶**(五根脊形成四坡屋面)的时候脊槫要加长——**出际**，也就是后来清代时我们说的**推山**。很多同学在一年级做茶室的时候用到四坡屋顶，45° 交到正脊。在古代，特别是唐、辽时候，

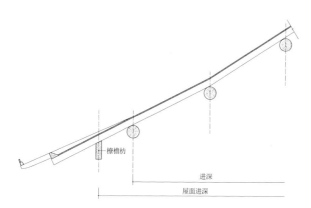

图 5-26 槫
底图来源: 梁思成.营造法式注释（卷上）[M].北京: 中国建筑工业出版社, 1983: 264.

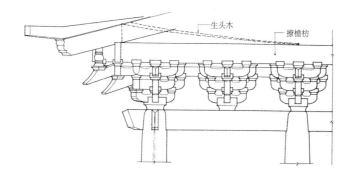

图 5-27 撩檐枋和生头木
来源: 梁思成.营造法式注释（卷上）[M].北京: 中国建筑工业出版社, 1983: 254.

也经常这样做。但是有些建筑开间比较小，进深又比较大，比如
江苏镇江焦山的广胜上寺大雄宝殿（有点唐代遗风，内存有唐碑），
正面和山面的屋顶 45° 交出来以后正脊很短（图 5-28），房子
像个亭子一样，没有一种正面的感觉，而中国古代建筑是很讲究
面子的，并不十分注重体的概念。因此到宋代和金代，如果碰到

图 5-28　江苏镇江焦山广胜上寺大雄宝殿正脊很短

庑殿顶（当时叫**四阿顶**，现在叫四坡顶），都会把屋脊向两边推，也就是脊槫加长，再加上生头木，这样屋顶就很不一样了。同学们要掌握一点：宋代只推脊槫，其他槫的长度都不变（图5-29）。这个做法和清代不一样。清代的庑殿顶，除了第一步（檐檩—下金檩）保持戗脊45°外，其余每根檩条的延长线与戗脊的延长线的相交点，均向山墙推出 X/10（X=步架的水平距离）（图5-30）。所以我们会看到一种景象：宋代的庑殿顶上面部分是陡然高起来的，而清代的却非常和缓。这种视觉上的差别，和槫的不同做法是分不开的。

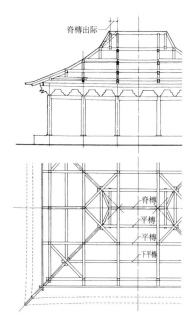

图 5-29　宋代四阿顶脊槫出际
来源：潘谷西，何建中.《营造法式》解读 [M].南京：东南大学出版社，2005：61.

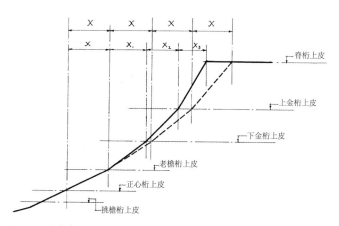

图 5-30　清代庑殿顶推山
来源：梁思成.清式营造则例 [M].北京：中国建筑工业出版社，1981：图版十四.

七、角梁

最后谈**角梁**——转角处屋顶下的 45° 斜向梁的统称。

先补充说下**椽**（图 5-31）。虽然椽不是大木，但却是连接屋面不可缺少的部分，尤其在屋角，通过椽子和角梁的关系处理，使得正面和山面的屋顶进行了交接和转换。在檐出部分，上面有**飞椽**，飞椽和檐椽之间有垫木。飞椽的直径是椽子的 7/10 ~ 8/10，端头做出卷杀，以减轻重量。椽头的板叫作**大连檐**。连檐是一根通长的木头，上面刻出椀状的孔，卡到一根根的椽子上。飞椽的端头是**小连檐**。宋代时候，小连檐上面还有一块板，叫作**莺颔板**。

再看屋角的关系。**大角梁**是承托正面和山面交接的戗脊的大木；**仔角梁**是其上方的小一点的梁；有时还有**隐角梁**——在大角梁后尾上方，断面小，从下往上看，看不到，所谓隐角梁，也称为**续角梁**。如果大角梁的直径是 D（D=28 ~ 30 分°），仔角梁的直径就是 7/10 ~ 8/10D。角部的高低值（清代叫作翘）并不是固定的。

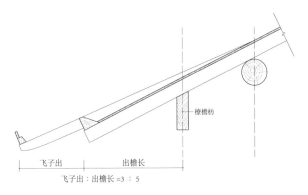

飞子出　　　出檐长

椽檐枋

飞子出：出檐长 =3 : 5

图 5-31　椽子
底图来源：梁思成. 营造法式注释（卷上）[M]. 北京：中国建筑工业出版社，1983：264.

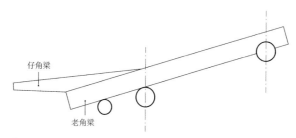

图 5-32　大角梁法

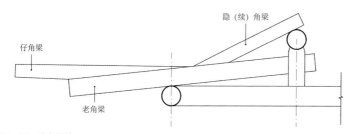

图 5-33　隐角梁法

角部的做法，主要就是看大角梁和前面的檐榑、后面的平榑的相对关系。宋式主要有两种：一是所谓**"大角梁法"**（图 5-32），就是仅用大角梁平衡了内外——角梁直接和榑交接，前有仔角梁翘起；二是**"隐角梁（续角梁）法"**——大角梁的后尾下压，不直接和平榑发生关系，之间可能还有斗栱或其他小构件承托平榑，而上方有隐角梁（续角梁）和平榑直接联系，大角梁前部有仔角梁，三根梁形成角部起翘（图5-33）。延伸一点的话，记得朱光亚老师说过，清代官式建筑角部"合抱金檩"是"大角梁法"的发展（图 5-34），而清代江南建筑的"嫩戗发戗"是"隐角梁法"的继续（图 5-35）。

依我个人的理解，同学们要有明确的概念：屋角翘起多少，和榑与角梁后尾的高差有关。如果角梁后尾直接压着榑，屋角就陡一些；如果榑下加一些构件，而梁和构件联系，梁会平一些，

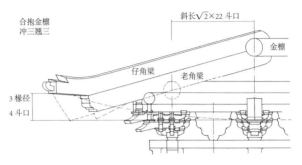

图 5-34　合抱金檩
来源：梁思成.清式营造则例 [M].北京：中国建筑工业出版社，1981：111.

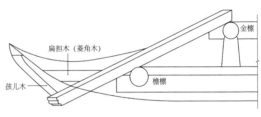

图 5-35　嫩戗发戗

屋角就比较平缓，比如山西太原晋祠的献殿做法（图 5-36、图 5-37）。而一定要清楚，槫的高度是通过进深设计出来的，槫高度不会改，屋角的高低变化只与角梁的放置角度有关。

要画出屋角，除了知道上述高度方向的关系，还要知道水平方向的关系，也就是清代讲的"**冲**"（图 5-38）。"冲"在宋代叫**生出**——相对于当心间由外檐向外的部分——在角部就是生出 × $\sqrt{2}$ 的距离（图 5-39）。中国古代很注意数的关系，生出是可以查的（表 5-2）：五开间，生出 0.7 尺；三开间，生出 0.5 尺；一开间，生出 0.4 尺；如此等等。如果檐出是 a，飞椽是 b，那么 a：b ＝ 10：6。

图 5-36　山西太原晋祠金代献殿屋角出檐深远飘逸

图 5-37　山西太原晋祠金代献殿用隐角梁

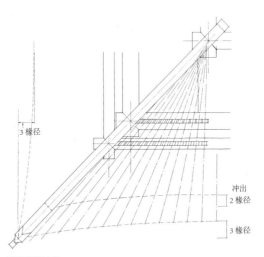

图 5-38　清代屋角冲出
来源：梁思成．清式营造则例 [M]．北京：中国建筑工业出版社，1981：111.

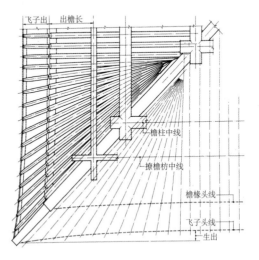

图 5-39　宋代角梁生出
来源：梁思成．营造法式注释（卷上）[M]．北京：中国建筑工业出版社，1983：264.

屋檐生出   表 5-2

	开间	生出
1	五间	0.7 尺
2	三间	0.5 尺
3	一间	0.4 尺

　　我们在具体设计的时候，知道这些相互关系，就可以进行推算。角梁的直径等于 28 ～ 30 分°，就是说材等定的话，角梁直径就定了，然后一系列角部高度就可以根据做法都定下来了。那有了生出之后呢，我们在用现代作图法画明间剖面时，角梁及其生出就需要画出投形线，加上高度上的变化，就可以画出角部的形态了。

第六讲

大木作之设计

一、确定材等

这里说的大木作之设计，主要是针对一个木结构单体，并不涉及总体设计。而实际的木结构建筑单体设计，又离不开整体环境。《法式》里没有提，但我们根据文献以及历史上尤其宋代以后留存下来的大量建筑群体，可以了解到古人在局部与整体之间有高超的审美与运作能力。

可以想象，整体环境及其设计在古代建设中十分重要。前面也讲过中国古代建筑的特性，无论坛庙、宫殿、寺庙，如果只按《法式》的规定来做，是体现不出建筑属性的——需要从整体设计和具体的细部设计才能表达出来。比如，宫殿建筑讲究对称、主次、序列；寺庙建筑非常注重入口关系转换，经过凡界才能进入圣地；坛庙建筑又有其自身特有的表达方式，如常青树的栽植等，所以，整体对于建筑个性的影响和表达是非常重要的。

另一方面是细部。比如彩画，佛教建筑会绘荷花、六字真言、佛等；宫殿建筑会画龙、凤，色彩金碧辉煌；民间建筑会画写实山水，用色更淡雅……

从某种程度上讲，大木作设计就相当于现在的结构设计。它虽远不是中国建筑文化最具核心价值的内容，却是最基本的内容。所以我们看一个中国古代建筑，首先要看它是怎样根据整体环境来设计布局的。我跟随潘谷西先生多年，注意到在设计古典建筑的时候，他首先考虑整体布局，表达出一定的功能需求；然后定下最重要建筑的开间数；再以它为参照定其他次要建筑的开间数，这些建筑对主体建筑起着陪衬作用，在整体中发挥着它的功能。以此类推。这样在确定每个单体建筑开间数的同时，如果是殿堂（阁）类或者是厅堂类，也就基本确定了材等。

二、推算平面

一旦材等确定，接下来，单体建筑根据不同的功能属性和《法式》，平面是基本可以推算出来的。具体到某一建筑，如果在清代，一旦定下来是五开间，那么总长根据柱与柱间几攒斗栱、斗栱与斗栱间距十一斗口就定下来了，这就是**面阔**——每开间长，以及**通面阔**——开间总和的确定（图 6-1）。而宋代《法式》里并没有这样明确的规定，相对来讲设计的余地比较大。但宋代的概念很清楚，首先根据整体定下某一建筑的开间，根据第三讲的表 1，由开间推算出材等；然后定**明间**（即正中的当心间），一般规定是 280 ~ 350 分°；再依次递减：定**次间**（明间两侧的开间）、**稍间**（次

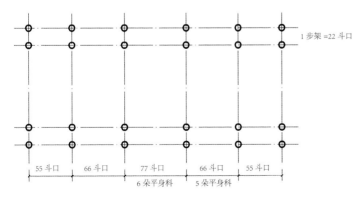

图 6-1　清官式建筑常见柱网图示

图6-2　河南登封少林寺初祖庵大殿补间铺作，明间用2朵，次间用1朵
来源：东南大学，潘谷西主编.中国建筑史（第七版）[M].北京：中国建筑工业出版社，2015：光盘－佛教建筑49.

间外侧的开间）、**尽间**（最端头的开间）等。但是递减的数值不很确定，因为宋代补间铺作不像清代那样有明确的规定，而且数目很少，只有一两朵甚至一朵都不放，中间的空余很大，所以它的开间数可调整余地就比较大（图6-2）。但是如果补间有铺作，也要考虑斗栱之间（柱头和补间的，或者补间两朵之间的）会不会相碰。

　　平面的另一个方向就是**进深**，即垂直正面的梁架方向，各步架的总和形成**通进深**。步架是多少呢？是由间数确定的（表6-1）。比如一个大殿是七开间，那么基本上它就是八架椽屋。那么每一架是多少呢？所谓**步架**就是槫（檩条）与槫（檩条）间的水平距离，正式的做法中这些距离大多数是相等的。在《法式》中，每步架给的范围为100～150分°。潘谷西先生做过比较，并根据宋代建筑实测，得出大致合适的是每步架120～125分°，大约每一步架要≤5尺；因为若100分°/步架，室内显得瘦高；而150分°/步架，室内又显得比较扁平（图6-3），所以在《法式》给的数值范围内，都是可行的，但是一般有普适性的比例。这样，

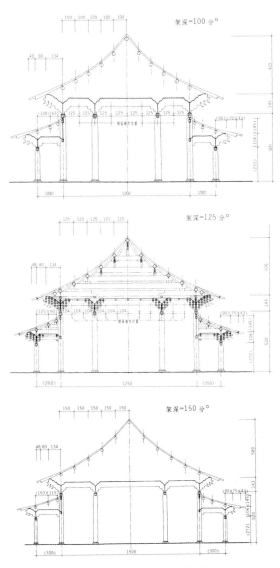

图 6-3　不同架深分°数产生不同室内空间的比较
来源: 潘谷西, 何建中.《营造法式》解读（第 2 版）[M]. 南京:
东南大学出版社 ,2017: 55-56.

一旦材等确定，其实由通面阔和通进深构成的平面图以及地盘图（铺作层平面）便可确定下来了。

屋身开间数和进深步架数的关系　　表 6-1

开间数	步架数
1	五间	6 架
2	七间	8 架
3	九间	10 架
4	十一间	10 ~ 12 架

三、计算侧样

木构架建筑中，最关键的尺度之一是房间的进深，侧样的设计主要取决于建筑的进深。进深就是步架之和（图 6-4）。

进深确定以后，我们可以进行**侧样**（进深方向的样式，相当于横剖面图）各个部分的计算，其中最关键的部分是上份——**举折**——屋架是如何举高后形成折面的。给本科生上课的时候同学们会问："陈老师，中国古代建筑的程式化到底是指哪方面程式化？是设计程式化吗？但老师好像也说设计有很多的余地。是大屋顶程式化吗？大屋顶好像也有很多种类。"我们说中国古代建筑程式化，指的是单体的三段式——把建筑分为上份、中份、下份（图 6-5），在侧样上，所谓**上份**是指檐榑（檩）以上的屋顶部分，檐榑以下到台阶的屋身部分叫**中份**，台面以下部分叫**下份**。

在宋代，下份的设计没有绝对的标准，根据整体环境有所调整。比如建筑很高或很重要的话，下份就会高一点；甚至会根据视觉而

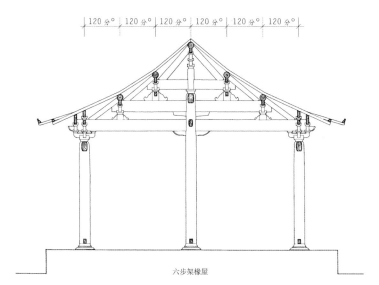

图 6-4　六步架形成的六架椽屋进深
底图来源：潘谷西，何建中.《营造法式》解读 [M]. 南京：东南大学出版社，2005：36.

定，如位于山腰的大殿，人看建筑的角度是仰视的，台基就需要很低才比较合适。这也不仅是宋代的准则，应该是贯穿古今的规律——符合人的尺度和视觉特点。如唐代佛光寺大殿，就是位于山腰、朝西的大殿，每当夕阳西照，拾级而上，便有佛光普照的震慑感；而如若大殿基台很高，从下往上看，建筑屋身就会被遮挡很多。但是如果登临山腰的台阶距离大殿很远，那又是另一番视觉需求了。这其中的设计原理，是古今相通的。

　　对于中份，根据前面学过的知识，一旦材等确定、铺作（斗栱）设计好，其实中份已经可以算出来了，如铺作和柱高比大致为 1：3 左右，柱径 / 柱高 =1/7 ~ 1/10。

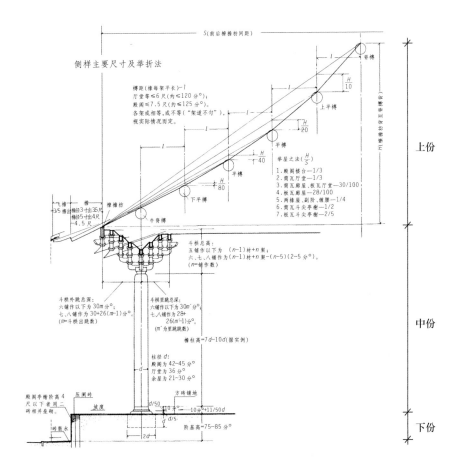

图6-5　宋式建筑三段式构成和关系
来源: 潘谷西, 何建中.《营造法式》解读 (第 2 版) [M]. 南京: 东南大学出版社, 2017: 51.

那么上份如何设计呢？这是关键，也是大屋顶实现的基础。

上份的设计直接取决于槫数或者说步架数。间数一旦确定，步架数就确定了，因而进深数也可以推知；挑檐槫到檐槫的距离，根据斗栱的出跳数也能计算出来。由此可以得出前后挑檐槫（或撩檐枋）的水平距离。设这段距离为 L，那么脊槫的高度 H=1/3·L。宋代的屋面计算法，我总结是**举架**的计算——现将大架子搭起来，方法是"自上而下"，先举出最高点脊槫，如果我们都以槫的上皮为准，以及根据公式表达每槫的中心线和每次辅助线下降的距离 h=H/（$2^n×10$）（n=0，1，2，3，……），具体做法如图 6-6，便可算得每槫的上皮高度，如此即可求得屋顶的举架。其中值得注意的是，下平槫和撩檐槫之间是一根椽子，两槫之间连线与檐柱中心线的交点处就是檐槫的位置。同学们经常会在这里出错。当然，前面还有飞椽，同学们从剖面上看到的檐口部分的折线是靠飞椽做出来的。同学们要记住三点：第一，L是从前后撩檐槫进行计算；第二，先举最高点定总高，再自上而下设计举折——先举后折叫"举折"；第三，下平槫和撩檐槫之间是一根椽子——两点定一线，最后才定檐槫高。所以说，只要架数定、材等定，那么上份就定下来了。

相比较而言，清代官式建筑大屋顶做法叫"**举高**"。举多高呢？是"自下而上"算的，五举、七举、九举——每步架的 50%、70%、90%，举到多高就是多高（图 6-7）。补充说一下：一是我们经常在书上看到在檐口为三五举，这是加上飞椽后自然形成的，而第一步架是五举；二是最上一举就是九举，所以但凡步架增加，是在五举和九举之间调整，如六五举、七五举。

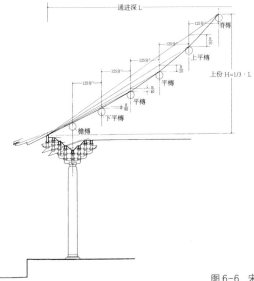

图6-6　宋式屋顶举折做法

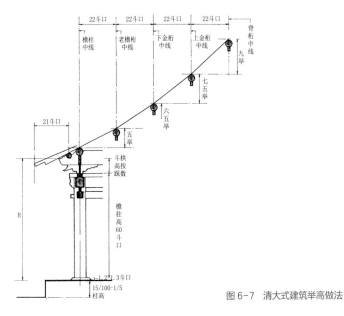

图6-7　清大式建筑举高做法

有同学问，哪一种更合理呢？我自己理解，一是牵涉屋面的重量和瓦叠压的方式，总体来说，明清的屋面比唐宋的屋面要重——这是我研究屋面单位重量的结果；二是牵涉屋面排水的有效，晚期的更陡峭一点；三是牵涉建筑的审美；四是明清建筑下料更直接和简单化等。总之，在漫长的过渡中，建筑的变化、建造方式的变化以及人的思考方式的变化，是相互关联的。除了满足建造便捷合理性之外，还涉及材料构件规格的变化和审美的变化等。

四、修造正样

当我们将侧样算完后，转身投形到**正样**——顺身方向的样式，会发现依然有些屋顶问题没有解决。这就是关涉正样建造出来的形象问题。殿阁类和厅堂类建筑，最常见的是两种屋顶——五根脊或九根脊交接完成，且建造中会有一些细节调整，使之完善。

（一）四阿顶（庑殿顶）

当我们画出 45°戗脊形成四阿顶时，《法式》的做法是只加长脊槫（图6-8），上一讲已经讲过。脊槫向外加长多少呢？挺长的，每侧加长3尺，两侧就加长了6尺。但是下面各槫均在45°交线上，所以从正样看感觉靠近正脊处戗脊比较陡峭。

相对而言，清代的庑殿顶，形成的上份正样屋顶——正脊很长，"面子"很大，戗脊的线条比较流畅，但是因为正脊和檐口没有明显的生起，所以比较生硬。

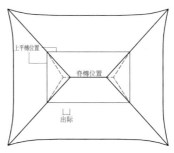

图 6-8　宋式四阿顶出际用脊槫加长

（二）歇山顶

需要说明的是，歇山顶并不是宋代的叫法，在《法式》中比较难用一个术语表达，但是因为宋代的此类形象与歇山顶近似，且用此概括。

在《法式》中，殿堂（阁）类的歇山顶叫**九脊殿**，因为它有九根脊：一根**正脊**（屋顶最高处正面和背面相交的脊），四根**垂脊**（自正脊而直角下垂的脊），四根**戗脊**（屋面在立面和山面成45°相交的脊）。但是厅堂类的歇山不叫九脊殿，叫**厦两头造**，我觉得这个称谓直接来自于做法（所谓"厦"，这里应是山面的意思），就是在山面两头有做法的建造。延伸讨论一下，杜甫《茅屋为秋风所破歌》："安得广厦千万间，大庇天下寒士俱欢颜"，这个"广"不知是否是指屋高？在铺作的"材"制中，广就是高；"厦"是否是山面？很重要的是，这两句之后有一句"风雨不动安如山"，结合杜甫这首诗的前后关系，"广厦千万间"，理解为高耸稳定的房子千万间，比较合适，也符合杜甫的理想和品质。而过去我们解

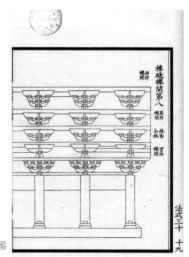

图 6-9 宋式不厦两头造示意
来源:《李明仲营造法式三十六卷》,民国
十八年十月(1929 年 10 月)卷三十.

释是广阔的大房子千万间,似乎对应寒士的需求跳跃有点大。

上面讲的是概念,下面讲的是做法。要理解厦两头造及其九脊殿的屋顶做法来源,我要引入另一个屋顶称谓:**不厦两头造**——宋代的时候对**悬山**屋顶的叫法——它只有前后檐、山墙的两头没有屋面做法(图 6-9、图 6-10)。这个概念非常重要,我认为厦两头造就是在悬山的基础上来讲的,悬山两头加披就形成厦两头造(图 6-11)。这和清代从外往里**收山**形成的歇山顶的概念是完全不一样的。悬山加披而未作戗脊的更原始的民间案例可从皖南西溪南明代绿绕亭见到(图 6-12),1980 年代南京夫子庙及其周边市场重建时,南京工学院(现东南大学)我们系(学院)的王文卿老师在东市设计了一个休息亭,就是参照绿绕亭的——悬山加披,但是这个披很小,大家有空可以去看看。

图 6-10　山西五台佛光寺金代文殊殿悬山屋顶用出际
来源：东南大学，潘谷西主编.中国建筑史（第七版）[M].北京：中国建筑工业出版社，
2015：光盘 - 佛教建筑 10.

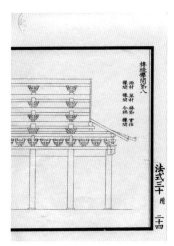

图 6-11　厅堂式厦两头造
来源：《李明仲营造法式三十六卷》，
民国十八年十月（1929 年 10 月）卷
三十.

图 6-12　安徽歙县西溪南明构绿绕亭悬山加
披古制做法
来源：东南大学，潘谷西主编.中国建筑史
（第七版）[M].北京：中国建筑工业出版社，
2015：光盘 - 绪论 53.

　　宋代规定有不厦两头造的**出际**——即从山面榑向外悬出的距离，也就是说宋代的悬山做法是可以查的（表6-2）。这个概念清楚以后，厦两头造就清楚了：其出际按"不厦两头造的"。由此我们知道，宋代歇山的"山"是指屋顶两侧的内外边界，出际是指两边从山面挑出来的部分。而且有意思的是，屋身方向的出际，是按照进深方向的步架数来定的，这就形成了建筑立体的比例关系，而在这过程中，"进深"是前置的重要概念。

宋式进深步架数和不厦两头造出际的关系		表6-2
	步架	出际
1	两椽	2～2.5尺
2	四椽	3～3.5尺
3	六椽	3.5～4尺

　　九脊殿的出际就不是这样描述了，做法是**"出际随架"**——出际的长度等于**架深**（步架）的距离（图6-13）。山面大概传重到

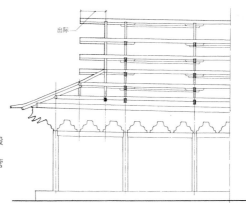

图6-13　殿阁式九脊殿出际随架
来源: 潘谷西, 何建中《营造法式》解读 [M]. 南京: 东南大学出版社, 2005: 62.

哪里呢？一般是传到梁架上，也就是稍间加拔。这就有意思了——我发现古人的这种思维很有意思——将木头的双向关系作相互的关照：由面阔开间定进深和架深，再从架深定侧样进而翻转到正样。这也让我们进一步理解中国古代木构建筑中屋架设计的思维整体性的神奇魅力。

五、秀出山花

正样，细想起来，应该还不是立面图的概念，在《法式》中只出现过 2 张顺身方向的类似纵剖面图，但不是外立面图。所以，我这里补充的**山花**——屋顶山面上部，还不是侧立面图，这是我要说明的。宋代的屋架山花，它既不是侧样，也不是正样，但在轮廓上是侧样的导出，在功能需求上是正样的导出，从而我这里将它作为独立的部分在大木作设计中单列。

第一，从范畴上说，它主要出现在九脊殿（图 6-14）、厦两头

图 6-14　河北正定隆兴寺大殿重檐九脊殿
来源：东南大学，潘谷西主编.中国建筑史（第七版）[M].北京：中国建筑工业出版社，2015：光盘-佛教建筑 34.

造——这两种后来称为歇山顶（图6-15），
以及不厦两头造中，和四阿顶无关。

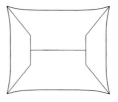

图6-15　歇山屋顶

第二，从用料讲，具体用的是小料，
并不是大木，所以讲大木作很容易忽略它，
但是它的出现却全然因为大木，所以我放
在这里讲。

第三，从功能上看，它的作用很明显，就是要保护大木作中的
榑头，以防止出际的榑头经风历雨而损坏（图6-16）。

第四，从侧立面看，具体的做法便是：在遮挡正样出际的榑头
以及顺着侧样的**举势**（举架形成的态势）交界处，**搏风板**（封挡榑
头的薄板）板面上与内部榑相对应的位置有时会做金钉；而在脊榑、
平榑等相应位置上加护薄挂板，进一步使木头的榑免受雨水侵蚀
（图6-16、图6-17）。前者所谓"搏风板"，我理解就是搏（挡）
风的板；后者的薄挂板，通常以**"悬鱼"**（脊榑处）、**"惹草"**（平
榑处，后来做成如意较多）的形式出现——都是水生的动植物形象，
有"厌火"木构的心理作用和文化意图（图6-18、图6-19）。

第五，从效果上看，因为悬鱼和惹草都是挂在出际的端头的，
所以每当有阳光时，在山墙面上形成投影，非常漂亮。宋代在山墙
这个部分通常用**"编竹抹灰"**造——编竹骨架外两侧抹白灰，所以
影子非常明显生动。

第六，从交接来看，正立面和侧立面的戗脊都是在平面上斜
45°、在高度上顺着角梁的方向将2个屋面进行交接的，之后在
侧立面，戗脊的高点和搏风板的低点形成一水平博脊，而在中间
部分厦两头造的屋面是更高的并延伸到下平榑的高度，从而形成

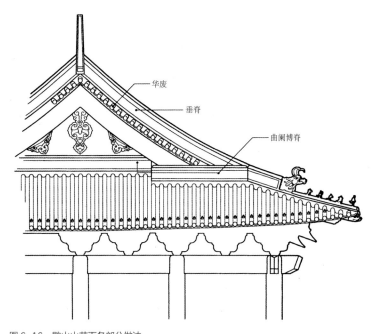

图 6-16　歇山山花面各部分做法
底图来源：潘谷西，何建中.《营造法式》解读 [M]. 南京：东南大学出版社，2005：164.

中段的位置高一点的博脊，进而这不同位置的水平博脊被称为"曲阑博脊"。河南登封少林寺初祖庵大殿山面乃此做法（图 6-20）。

　　顺便讲一下清代的歇山顶，给本科生上课的时候讲得非常笼统，只说推山相对庑殿顶而言，而收山相对歇山顶而言，其实这主要是指清代（梁思成先生对于宋清建筑都是用收山这个概念的）。我这里强调的是，清式建筑的歇山顶的收山是相对于建筑下部山墙而言的，而宋式的出际是相对屋架的山面向外推出的，基本概念不同。清代的屋顶很大，所谓收山，就是相对于山墙收一檩径，收的幅度

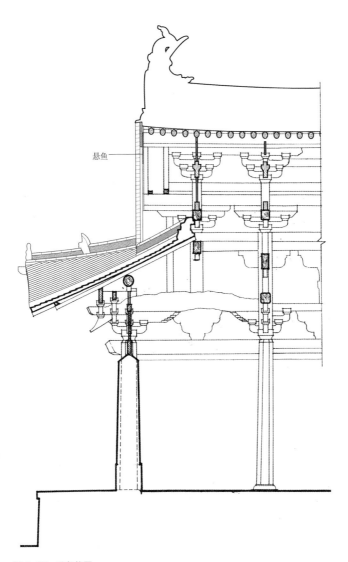

悬鱼

图 6-17 悬鱼位置
底图来源：梁思成.营造法式注释（卷上）[M].北京：中国建筑工业出版社，
1983：161.

图 6-18　山西太原晋祠圣母殿山花

图 6-19　河北正定隆兴寺摩尼殿山花
来源：东南大学，潘谷西主编.中国建筑史（第七版）[M].北京：中国建筑工业出版社，2015：光盘－佛教建筑 37.

图 6-20　河南登封少林寺初祖庵大殿山花
来源：东南大学，潘谷西主编.中国建筑史（第七版）[M].北京：中国建筑工业出版社，2015：光盘－佛教建筑 51.

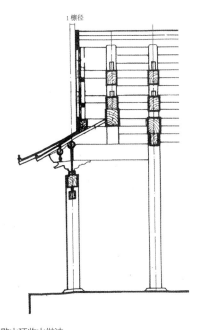

图 6-21　清式歇山顶收山做法
底图来源：王璞子．工程做法注释 [M]．北京：中国建筑工业出版社，1995：483.

很小（图 6-21），山面的椽子伸到山花里侧相当于金檩高度位置
的梁——**"采步金"**（金檩高度、山面方向的梁，用以搁置山面的
椽子）上。但宋代的概念完全不同，无论殿阁类还是厅堂类的歇山，
都是相对于上部三角形山面往外出际（图 6-22）。这样，山花的
景象就很不一样了。从材料上讲，清代的山墙多数就是指柱子外的
山墙，砖砌为多，歇山顶上部的三角形山墙收进来很小，很重要的
原因是山墙就是界分内外的界面，所有檩条端头都在室内，不需要
出际后挂板来解决。所以我们看到：收进一檩径的山墙和搏风板是

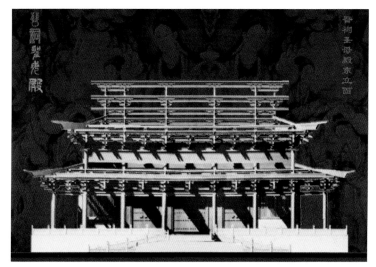

图 6-22 宋山西太原晋祠圣母殿屋架建模中可见脊槫和平槫的出际做法

紧贴在一起的，或者说，搏风板就是装饰了，悬鱼和惹草也没有必要了。清代建筑三角形山花的装饰重点改变了：山墙墙面上出现了很多图案；搏风板转而成为次要的，除了保留一些金钉，不再做悬鱼、惹草，如北京故宫保和殿山花（图6-23）。而宋代山花因为有出际、有悬鱼和惹草，故而是有层次的。所以，在了解建筑整体架构和连接构造的区别后来看外观上的变化，我们就能理解为什么清代强化了这部分、简化了那部分。我们也有看到现在一些仿古建筑，做的是砖墙山花，又用了悬鱼、惹草，就不伦不类了，古代的结构、构造和装饰都是一体化的，有内在的逻辑，而不是随意割裂的建筑符号，也没有多余的构件，这点是我反复强调的。

图 6-23　北京故宫保和殿山花

　　关于山花问题，为了帮助同学们理解宋代和清代歇山概念的区别，给同学们一些数据。假定**收山**在宋代是指歇山的三角形山墙相对于屋身的山墙往内收（梁思成先生的图示），那么，唐代的南禅寺大殿收了 1.31 米；宋代的隆兴寺转轮藏殿收了 0.89 米；元代的永乐宫纯阳殿收了 0.395 米。应该说元明时期，关于"收山"是一个暧昧时期，也是一个转变时期：既有"厦两头造"出际变短的现象，又有建筑山墙砌体增强的趋势；而清代就收一个檩径（4.5 斗口，按照太和殿最大的斗口计算，也就 0.4 米左右）。有人研究歇山，根据这些数据得出中国古典木构建筑"屋顶越来越大"的结论。但是我以为：从形象上分析固然可以得出这样的结论，但实际宋清当时的做法概念是完全不同的，牵涉山墙、山花墙的材料改变，有承载能力的大木构件的断面改变，以及是靠内部梁架承重屋顶还是转换为外墙借力承载的问题等。同学们要透过形象，了解到当时设计所参照的依据，以及一种整体在过渡、调整、演进过程中的转变思维。

最后，我总结下大木作设计的程序，可以概括为：确定材等、推算平面、计算侧样、修造正样、秀出山花（不包括四阿顶）。对于每一步的第一个动词，我是精心揣摩出的，希望可以帮助大家了解。

此外，我需要强调三点：

第一，厅堂类的厦两头造出际按不厦两头造，显然是来自民间的做法，九脊殿不是按尽间的外皮内收而是从稍间出际，这些建造的概念和清代非常不一样——宋代纯粹从系统的木架本身考虑问题，而清代因为经过明代大量砖墙的应用，已经混杂有砖木混合的结构考虑了。

第二，中国古代建筑的很多木构件，比如材的断面、梁的断面、枋的断面高宽比都是 3 : 2 的关系等，形成一种等比例关系，这使得中国古代建筑木构架在抗风、抗震时呈等应力状态，这是一种非常好的工作状态。于是，我们可以理解一些中国古代木构建筑留存到今天的原因。

第三，中国古代建筑的样式设计不是几何关系的设计，而是基于对于木材长度及其受力特点进行的数字概念和数理模型的设计。这点应该容易理解，通过我们学习的从局部到整体、从构件到单体的设计，同学们应该可以感受到正样和侧样之间相互关照的数理成分和思维模型。有些没有研修过《法式》的同学不太理解这一点，会拿测绘的立面图，通过画对角线等方法去找立面的几何比例关系，这应该是不正确的，因为中国古代木构建筑未曾有在一个面上的立面思考——可能有立面的审美，我这样认为。西方的古典建筑，比如神庙，是从立面设计开始的，讲究黄金分割比例等，其前提是材料不是木材的情况下。

还要补充一点，做木楼阁和塔的时候，仍然保持三段式，也是结构使然。塔总体上可分为塔刹、塔身、塔座。塔的底层分为下份、中份、上份——同于单体；到平坐暗层，宋辽的时候常用斜撑以及一层层的枋木——构成非常稳定的结构层——相当于上一楼层的稳定基础（下份）（图6-24、图6-25），然后上方是第二层的中份和上份；如是重叠，高耸入云。如河北正定隆兴寺慈氏阁、山西应县木塔均是这样的结构系统（图6-26、图6-27）。对于高大建筑，逐层内收是一规律，从而上小下大——稳定而挺拔。因此在上下交接的构造上有了**"永定柱造"**（上层柱子垂直而下，在下层外部加一圈柱子而使得底层加大且稳固的做法，图6-28）、**"叉柱造"**

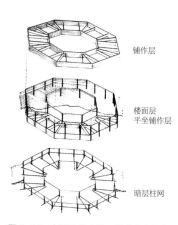

铺作层

楼面层
平坐铺作层

暗层柱网

图6-24　山西应县木塔三段式在中间若干层的关系
来源：东南大学，潘谷西主编. 中国建筑史（第七版）[M]. 北京：中国建筑工业出版社，2015：光盘 - 佛塔11.

图6-25　天津蓟州区独乐寺观音阁暗层用斜撑（20240417）

图 6-26　河北正定隆兴寺慈氏阁
来源：东南大学，潘谷西主编.中国建筑史
（第七版）[M].北京：中国建筑工业出版社，
2015：光盘 - 佛教建筑 42.

图 6-27　山西应县木塔
来源：东南大学，潘谷西主编.中国建筑
史（第七版）[M].北京：中国建筑工业出
版社，2015：光盘 - 佛塔 4.

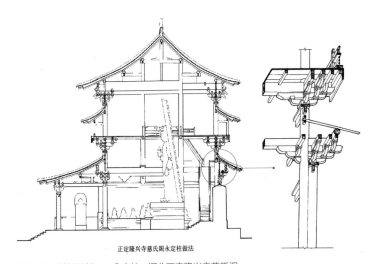

正定隆兴慈氏阁永定柱做法

图 6-28　楼阁用柱——永定柱，河北正定隆兴寺慈氏阁
底图来源：郭黛姮主编.中国古代建筑史：宋、辽、金、西夏建筑 [M].北京：中国建筑工
业出版社，2009：373.

（上层柱子下端开槽插到下层铺作或者梁上、相对于下层柱子内收半个柱径的做法，图6-29）和**"缠柱造"**（在角部栌斗内侧放附角斗以相互出栱支撑内部梁架，从而架起内收的上层柱子的做法，图6-30）。即是说，中国建造高大木构建筑就是三段式的叠加应用，不像西方建造教堂是整体比例的设计关系。一方面，这是由于木材尺度的限制；另一方面，可能出于对材质的充分了解，中国古人设计的思想基础更强调的是数理概念。当然，强调立面的整体优美关系是有规律可循的，而砖石塔如果不是仿木结构，应该有类似西方立面设计的几何逻辑存在。

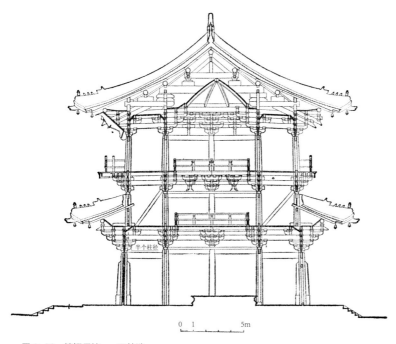

图6-29 楼阁用柱——叉柱造
底图来源：刘敦桢主编.中国古代建筑史[M].北京：中国建筑工业出版社，1980：197.

当然清代楼阁在结构体系上加强了大木之间的直接联系（图6-31），淡化了三段式，这可能和《法式》没有表达楼阁式建筑结构的图示有关而没有传承下来；也可能是由宋而清的木构建筑的设计思维变化，是去除小构件而加强柱梁作的整体性使然。

同学们有了一定的知识和认知经验，再去看实物，多看、多理解，学习古建筑设计也没有什么难的，然后再在实践中多摸索，就会加深对古建筑的理解。"样"，实际上是很重要的设计角度和建造思维过程之一，当然，真实而经典的宋式木构建筑的完整"样"的呈现，离不开局部的建筑构造和构件本身的变化，如阑额的组合构件、"生起"带来的柱子长短不同等，也就是在本讲之前的大木作相关内容，需要装在今天所讲的设计过程的框架内。

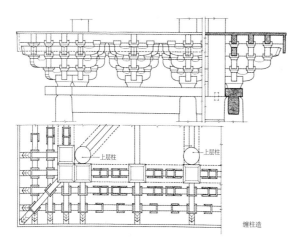

图 6-30　楼阁用柱——缠柱造
来源：梁思成.营造法式注释（卷上）[M].北京：中国建筑工业出版社，1983：251.

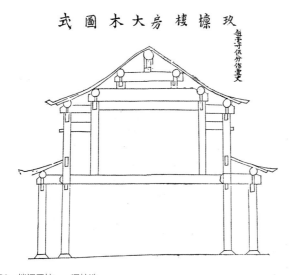

图 6-31　楼阁用柱——通柱造
来源：爱新觉罗·胤礼（允礼）纂.工程做法则例 [M].清雍正十二年（1734 年）卷四.

第七讲

小木作

所谓**小木作**，就是不承担建筑主体结构作用的建筑装修部分，相对来说是用比较小的料子完成的，主要包括门、窗、隔断、天花等，还包括一些内部陈设，如佛道帐等。在今天，这些已经是二次设计的内容。这部分内容是必不可少的，对今天来说也很实用。

一、门

首先讲门。古代根据门所在的位置、做法的不同，分为以下几种：

（一）板门

板门（又写作版门）。这是中国古代建筑非常有特征的一个部分。就现代概念来讲，板门一般用作建筑群主体建筑的大门，很厚重（图 7-1）。它采用厚板实拼的做法，门板没有框。门板的厚度在 1.4 ~ 4.8 寸之间，高度根据使用场所不同在 7 ~ 24 尺之间。板门通常用于外门，如城门、宫殿的大门等，因此它的特点是坚固而防卫性比较强。

先看立面（图 7-2）。柱和柱间有**门额**，相当于现在门的过梁。门不一定占据整个开间，根据门的宽度需求在相应的位置设小柱子，称为**立颊**。立颊之内是真正界定门宽且与门砧石相连的部分。立颊和结构柱子之间的墙面用编竹抹灰造，下在相当于踢脚线的位置有地栿。另外，很多大门上会有金钉，同学们以及摄影师都很喜欢把它作为拍摄对象。门的上方经常会有门簪，门越大，门簪越多，以至于到了晚期，门簪成为标志大户或重要建筑的装饰部分，雕成立体的花儿之类。仅从立面看，同学们会疑惑：这些门簪、门钉究竟

图 7-1　山西五台南禅寺大殿板门正面和
背面（20240712）

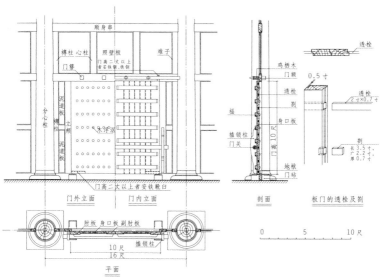

图 7-2　宋式板（版）门内外及剖面示意
来源：潘谷西，何建中.《营造法式》解读 [M]. 南京：东南大学出版社，2005：111.

有什么用处？从《法式》中我们可以了解到：所有这些构件都是构造做法在外观上的反映，并不纯出于装饰。但是到了晚期，由于构造做法的完善，出现了其他解决方式，这些留存下来的做法就可能转化为装饰，比如门簪，前部会雕成花儿或者龙头的形状等；大多数情形是将构造和装饰融为一体。

　　再对应剖面看板门的背面（图7-3）。门上方固定门轴的构件是一根两端有洞的木头，叫**鸡栖木**。鸡栖木的形状比较扁平，需要用销子把它和门额联系起来。销子穿到屋身前面会产生钉眼，于是就有了门簪，所谓**门簪**，就是套在销子（木）上的构件（图7-4）。门洞越大，鸡栖木就越长，需要的销子可能就多一点，这样一来，门簪又成了等级的象征。门板由多块厚板实拼而成，板与板之间的横向联系构件称为**楅**。同样，板和楅木之间也有联系构件如钉子，这个构件会伸到门板外面，于是古人在这儿包上**金钉**。如果同学们到山西五台看唐宋金代的大殿板门，基本都是这样的做法，到皖南

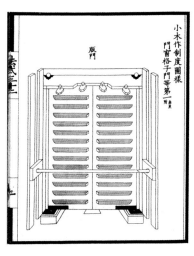

图7-3　版门
来源：李诫.营造法式（陶本）[M].上海：
商务印书馆，1929：卷三十二.

图 7-4　天津蓟州区独乐寺山门门簪 4 枚（20240417）

看明清的住宅大门，可能会看到金属门钉腐坏以后露出来的内部构造，也会注意到门越高，需要的栿就越多，所以，门钉的数量也显示出建筑的等级。板门的门钉通常会有 3 ~ 13 排，一般都是单数，同样，门越宽，门钉的列数也越多。

另外，门板和门板之间要关得严实，用的是**牙缝造**——咬合扣缝的做法。板门一般高大厚重，关起来时要用到门闩，相应的做法《法式》都有图示（图 7-5）。

通过板门的做法可以看出：首先，在中国古代，结构、构造与装饰是作为整体考虑的；其次，等级并不是一种强行的规定，从《法式》中，我们可以清楚地看到它和构造做法是分不开的。

以上讲的是板门，这可能是同学们以后会接触较多的外门，如我们东南大学中大院入口的大门。《法式》上的图结合我给大家画的剖面图，可以了解它的形象、构造、功能。

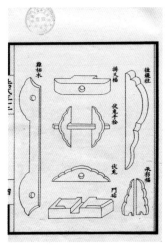

图 7-5　和门轴及手栓相关的构件
来源：《李明仲营造法式三十六卷》，民国十八年十月（1929 年 10 月）卷三十二．

（二）软门

第二种要介绍给大家的门是**软门**（图 7-6、图 7-7）。和板门相比，软门用板比较薄，一般在 0.6～0.8 寸之间，门有框。它主要用于内部分隔，门板可由多块木板拼合而成，讲究一点的还会做上压缝条，如青海省西宁市瞿昙寺山门做法。瞿昙寺的建造和南京重要建筑使用的明初古制密切相关（图 7-8）。以后同学们去看民居，不要只注意门板的图案分为几部分，首先应该想到：取很长的木料是非常困难的，把门板分成几部分既方便取料，又可以使门的稳定性和坚固性更强。板与板之间会钉上压缝条，板通常是竖纹的，横楄木通常为横纹，而将横楄木横过来看，二者实际上均为取竖纹的条木，这样比较省料；横楄木处若将压缝条横置，便成为横纹了，压缝条也可以在交接处做点花饰。从外观看，压缝条就是线条，同

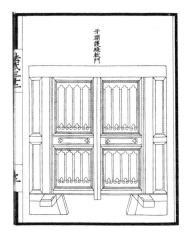 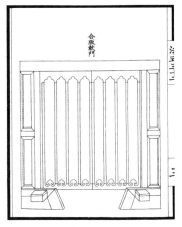

图 7-6　牙头护缝软门
来源：李诚.营造法式（陶本）[M].上海：
商务印书馆，1929：卷三十二.

图 7-7　合版软门
来源：李诚.营造法式（陶本）[M].上海：
商务印书馆，1929：卷三十二.

图 7-8　青海西宁市瞿昙寺山门用合欢软门小木作压条，内侧大门用板门，均建于明代，
用宋古制

学们也可以观察一下家里的装修，钉在夹板外面的那些压条往往做工比较精细，价格也比较贵。

（三）乌头门

乌头门是标表官阶的一种门，具有一定的礼仪性。《唐六典》里规定：只有阀阅之家——也就是六品以上的人家——才能用乌头门。这种门的实物很少见，只有在唐代和宋代的绘画中会看到，但由乌头门延伸而来的各种形式的门，同学们可能看到过，比如孔庙前面的棂星门。

乌头门的构造其实很简单（图7-9）：两根柱子，一根穿枋，下有门槛（我的一个研究生研究牌坊，谈到牌坊的缘起可能和乌头门有关）。那么，乌头门这个叫法是怎么来的呢？所谓**阀阅**就是有

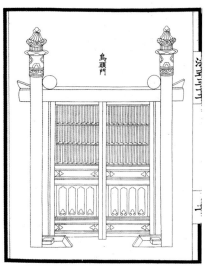

图7-9　乌头门
来源：李诫.营造法式（陶本）[M].上海：商务印书馆，1929：卷三十二.

功勋的意思，阀阅之家被允许用瓦罐子套在门的柱子上面。同学们都知道过去官员戴的乌纱帽，而瓦罐子就是黑色的，这种形制表明该户人家的官阶很高。后来，已不再套瓦罐子了，只把柱头涂成黑色，所以叫作乌头门。再后来，在柱子和穿枋交接的地方又发展出日月版，上面刻着日盘、月牙，和天上的棂星发生了关系，这时叫它**棂星门**，如我们在山东曲阜孔庙入口所见（图7-10）。如果去泰山，到了南天门，大家都喜欢往上走，进入一个升仙坊，似乎走过升仙坊就上了第三重天。像升仙坊这些门，我们都叫作棂星门。

但是宋代乌头门和牌坊不一样，它是真正的门，门扇装在穿枋和门槛之间。由于不是防卫用，所以门扇往往做成透空的，具体做法和软门比较接近。从上面我们可以看出：乌头门最初是用于住家的，但后来，它的使用又延伸到了公共场所。朱光亚老师

图7-10　山东曲阜孔庙棂星门

在做绍兴沈园复原时，就用了乌头门。沈园其时为南宋赵士程（唐婉的第二任丈夫）所有，赵为宋太宗玄孙赵仲湜之子、宋仁宗第十女秦鲁国大长公主的侄孙，地位高矣，所以想必他的园宅里乌头门是有的。

（四）格子门

第四种门叫**格子门**（图 7-11）。不同于板门和软门的严实，格子门是有洞的，它主要用于采光，有些格子门可以取下，夏天房间很通透，这样装门的**额限**（相当于门上过梁）上就配有**闩口**（图 7-12）。最早的格子门是方格子门，在河南洛阳出土的一个北宋建筑中我们可以见到实物。而《法式》中所记载的格子门已经有了比较多的变化形式，其中最常见的是**毬六格纹**（图 7-13），这种纹样可以向六个方向发展。还有一种向四个方向发展的，叫**四椀菱花、四向毬文格眼**（图 7-14、图 7-15）。除此以外，像**六椀菱花**（向六个方向发展）之类都是宋代常见的纹样。无论毬六格、四椀菱花还是六椀菱花，在现代美术的概念中，都是四方连续图案。**所谓四方连续图案**，就是构成单元可以向各个方向发展，组合成面。如果是**二方连续图案**，就是指可以在两端组合成线的图案，比如中国古代的门楣、窗楣等往往会用二方连续图案。卷草就是简单常见的二方连续图案。

另外，在格子门中，还有一种叫**两明格子窗**。所谓格子窗实际上也是门，只是它的上面部分起着窗户的采光作用。"两明"就是两层的——像现在的双层玻璃，当时通常糊纸。可以冬天装上去，夏天取下来。

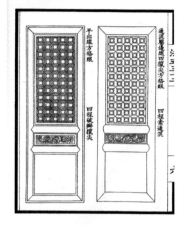

图 7-11　方格格子门
来源：《李明仲营造法式三十六卷》，
民国十八年十月（1929 年 10 月）卷
三十二.

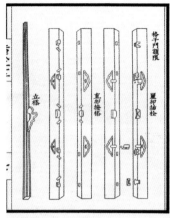

图 7-12　固定格子门的相关构件
来源：《李明仲营造法式三十六卷》，民国
十八年十月（1929 年 10 月）卷三十二.

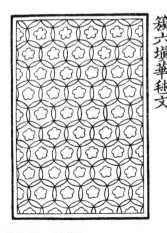

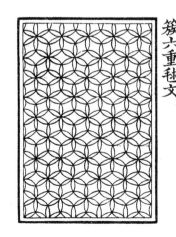

图 7-13　毬六格纹
来源：李诫.营造法式（陶本）[M].上海：商务印书馆，1929：卷三十二.

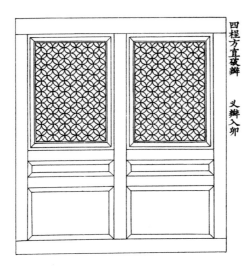

四程方真破瓣　　义瓣入卯

图 7-14　四椀菱花
来源:《李明仲营造法式三十六卷》,民国十八年十月(1929 年 10 月),卷三十二.

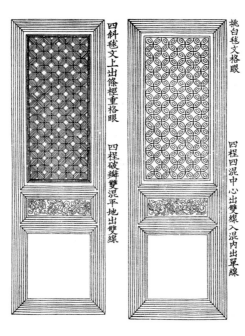

挑白毬文格眼

四斜毬文上出條桱重格眼　　四程破瓣雙混平地出雙線

四程四混中心出雙線入混内出單線

图 7-15　四向毬文格眼
来源:《李明仲营造法式三十六卷》,民国十八年十月(1929 年 10 月),卷三十二.

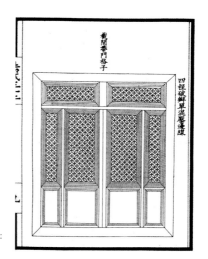

图 7-16 截间格子门
来源：李诫．营造法式（陶本）[M]．上海：
商务印书馆，1929：卷三十二．

    关于门，就介绍以上四种。《法式》中可以看到：牙头护缝软门，合欢软门，乌头门，**截间格子门**（门洞太高大时，会用截间格子门——将门的做法分成几部分，图 7-16）；图示**四桯破瓣单混压边线**，这是指线脚的做法。当从比较厚实的门框转换为厚度较薄的门板和格子时，就需要用压边线脚来处理和衔接，今天室内门的做法依旧。同学们去观察一下室内装修，常常会看到很多地方用线脚，形成不是一种很锋利的交接。有室内设计经验的都知道：做室内设计的话，构件形式的手感、构件之间的交接都是非常重要的，而这两点中国古代建筑都做到了，而且做得很好。

二、窗

（一）直棂窗

学过中国古代建筑史的同学都知道，唐代建筑的一个细部特点是采用直棂窗，如南禅寺大殿，再譬如净藏禅师塔——唐代的一个仿木构砖塔（图7-17、图7-18）。**直棂窗**是不能开启的，形式有点儿像现在的防盗窗。根据采用的棂子不同，《法式》中把直棂窗分为三种：

一种是**破子棂窗**，棂的断面呈三角形，通过一块方木沿对角线破开取材；一种叫**板棂窗**，棂是长条形的；还有一种叫**睒电窗**和**水文窗**——棂子长向不是直线，现在一般看不到了，但《法式》

图7-17　山西五台南禅寺大殿直棂窗
来源：东南大学，潘谷西主编.中国建筑史（第七版）[M].北京：中国建筑工业出版社，2015：光盘－佛寺1.

图 7-18　河南登封净藏禅师塔砖雕直棂窗
来源: 潘谷西主编 . 中国建筑史 (第七版) [M]. 北京: 中国建筑工业出版社, 2015: 光盘 –
佛塔 3.

中有记录（图 7-19）。而日本也有睒电窗的——或许是宋元时期
传过去。我在武当山、云南等地都曾看到过类似睒电棂子的做法
（图 7-20），但不是用在窗上，是使用在护栏上，追溯起来，武
当山和云南一些地方的做法和明初的古制有关——当时从南京遣
官兵和工匠去建设建造，而南京明初的做法又与沿袭《法式》密

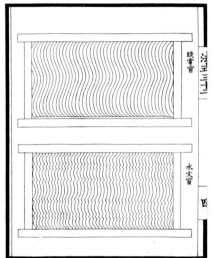

图 7-19　朕电窗和水文窗
来源：李诫．营造法式（陶本）[M]．上海：
商务印书馆，1929：卷三十二．

图 7-20　云南昆明石屏会馆楼座护栏用水文棂木

切相关，这在前面叙述过。睒电窗（包括水文窗）的特征是棍木之长向呈曲线状，想象一下，风声款款、阳光投射下如电闪、如浪飞的光影，人侧窗而过，恍若睒电，惊若飞鸿。2019—2021年，我承担第11届江苏省园博园的13个城市展园的规划设计工作，当时的构思是以各城市历史上有特殊影响的园林作为蓝本或者取材的对象，由于南京在六朝时期的华林园享有很高的声誉，以及苏州在宋代时的沧浪亭的建设有特别的用意，所以我们设计时是以早期建筑的形象以及细节来表达的，这两个园子的廊子中都用了睒电窗的做法，南京园是在院子的回廊中，苏州园是在复廊中。每当有光线时，穿行其间，有浮光掠影、穿梭古今的恍惚感，甚为美妙（图7-21、图7-22）。

图 7-21　江苏南京汤山第11届江苏园博园城市展园南京园芳踪院走廊用睒电窗

图 7-22　江苏南京汤山第 11 届江苏省园博园城市展园苏州园复廊用睒电窗

　　以上谈的直棂窗，是唐宋期间最常见的一种窗户。下面谈一下直棂窗的立面设计（图 7-23）。和门一样，窗户并不一定占据整个开间。真正做直棂窗，往往不是整个开间都用上的。窗上部是**窗额**，相当于窗过梁。下部是**腰串**——相当于窗下梁，腰串比窗额要大一点。窗额和腰串之间是竖向的**榥子**，这样就界定出窗子的大小，相当于今天的窗洞。窗户就装在这些构件组成的框子里面。窗户外围为**编竹抹灰造**（这里主要以竹茎为骨架，两面抹泥灰，再刷白），填充在榥柱和柱子、地栿和腰串、腰串与窗额、窗额与额枋之间。腰串很长，下面往往需要承托，于是就有了**心柱**。同样，阑额下也会由心柱划分成几块。早期的建筑除了红色的木

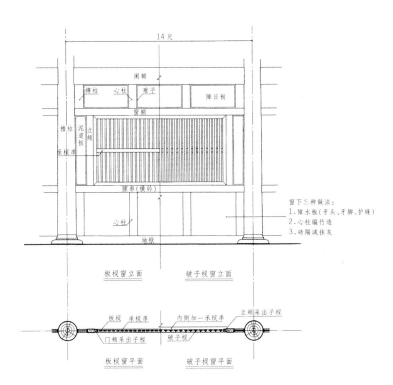

图 7-23 直棂窗的设计
来源: 潘谷西, 何建中. 《营造法式》解读 [M]. 南京: 东南大学出版社, 2005: 119.

构件以外就是白色的墙面, 而且墙很薄, 不承重。腰串以下也有
不用编竹抹灰造的, 一种做法是用砖砌, 称为**隔减**; 一种做法是
用板, 称**障水板**。隔减就是阻隔下部的泛碱, 障水就是防地下潮气,
功能显见。可以看到, 窗户的立面设计是有多种可能性的, 图 7-23
画的是最常见的做法。

（二）阑槛钩窗

第二种窗户很漂亮，但做法比较特殊。在唐宋的画中可以见到，至于实物，在民居中还可以见到，比如皖南，但是像宋代这么地道的做法很难找到了。这种窗户叫**阑槛钩窗**（图7-24）。它的特点首先是可以开关；其次，因为可以开关，所以特别注意防护性。大概示意如图：和直棂窗洞一样，也有窗额、腰串、榥柱构成窗框，但阑槛钩窗做得相对讲究，用木板比较多，腰串下面用障水板，窗额上面也用木板，称**障日板**（遮挡太阳光），窗额和阑额之间还是编竹抹灰造。窗外做护栏，虽然只需防护窗户这一段，但是为了固定，护栏还是做成通长的。为托起护栏，下面有**托柱**。

再看剖面（图7-25）：所谓**阑槛**，是指像勾阑（防护的护栏）一样的部分，上有榥杖，相当于扶手，下面是鹅项，像鹅的颈项一样，

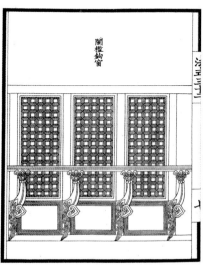

图7-24　阑槛钩窗
来源：李诫.营造法式（陶本）[M].上海：商务印书馆，1929：卷三十二.

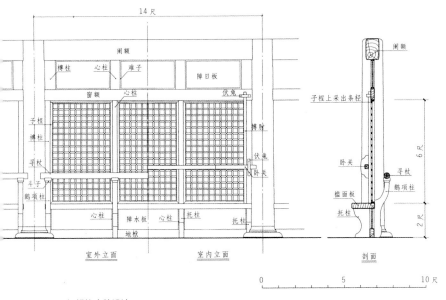

图 7-25　阑槛钩窗的设计
来源：潘谷西，何建中.《营造法式》解读 [M]. 南京：东南大学出版社，2005：120.

护栏下面有托柱。可以看到，这种窗户很漂亮，而且安全。现在住一二层甚至以上的人家常常会把窗户用防盗窗整个封起来，如果是出于防护人身安全，实际是不需要的，只要有三分之一高就可以了，但是我们现在没有这样一种成品。所以可以说，阑槛钩窗是有一定功能需求的。

在《法式》中阑槛钩窗的立面和剖面是合起来画的，很方便地表达出该窗的外挑关系。这种画法和斗栱表达方法是一样的，是古人聪慧之处。有点像毕加索画的人，将正面和侧面结合起来表达。

三、隔断

隔断主要为了划分空间，分两种：一种是分割建筑下部空间的；另外一种是分割建筑上部空间的。

（一）分割下部空间

常见的有以下几种：

1. **截间版帐**（"版"通"板"，"帐"通"障"——隔之意）：指隔断是由分割板钉起来的，同时高度方向上又分为几截（图7-26）。这种版帐通常是固定的，比如明间在佛像背后常

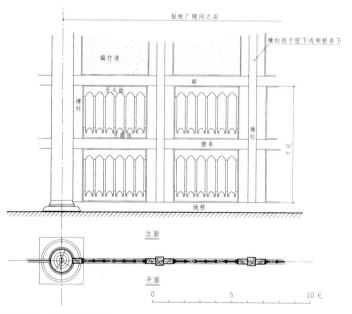

图 7-26　截间版帐的设计
来源：潘谷西，何建中.《营造法式》解读 [M]. 南京：东南大学出版社，2005：121.

会有隔断，现在是用砖砌，而过去常用隔断。

2. **版壁**：有点像格子门，所不同的是格子的地方用板代替了。和截间版帐一样，版壁通常是固定的，用于开间分割、佛像背后、罗汉之间等。

3. **屏风骨**：就是以一个软门的样式为单位，组合成一个较大的面（图7-27）。

4. **截间横钤立旌**：横钤是指横向的分割木条，立旌是指纵向的分割木桯，横钤、立旌间用编竹抹灰填充起来。整体又分成几个截间。

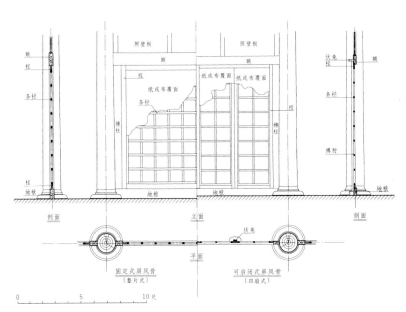

图7-27　屏风骨的设计
来源：潘谷西，何建中.《营造法式》解读 [M]. 南京：东南大学出版社，2005：123.

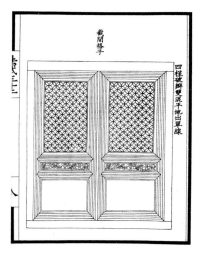

图 7-28　截间格子
来源：李诫 . 营造法式（陶本）[M]. 上海：
商务印书馆，1929：卷三十二 .

　　最后介绍一种叫**截间格子**（图 7-28）。截间格子和刚才讲的版壁差不多，但用的是镂空的格子。同学们要有一个概念：这些隔断和我们今天的差不多，主要是小木做法和编竹抹灰进行不同方式的组合，出现截间、横铃、立旌等，无非是为了加强隔断的稳定性。

（二）分割上部空间

　　再讲一下分割上部空间的隔断。曰障日版，除了刚才说的阑额（额枋）下方、窗额上方之间会用，重檐做法的时候经常出现——重檐上檐的内部空间比较高，在斗栱以下用板封起来，形成兜通的一圈。**障日板**也叫照壁板（图 7-29），清代的时候又叫走马板，同学们可以由此联想到走马廊，是空中一圈兜通的做法。

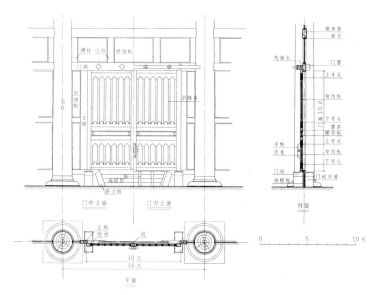

图 7-29　软门和照壁板的设计
来源：潘谷西，何建中 .《营造法式》解读 [M]. 南京：东南大学出版社，2005：112.

四、天花

第四类小木作是天花。**天花**这个名称是明朝才有的，一直沿用至今。所谓天花，就是把下部空间和上部梁架进行分割的部分；同时，天花也是上部装饰的一个面。在宋代，天花主要有三种装饰方式。

第一种是**平闇**。平闇说白了就是木头格子，格子很小，木条又比较厚实，所以整体看去是以红色的木头为主、间以白色顶面的格子，如佛光寺大殿上方（图 7-30）。现在商场的装修也经常用到与平闇类似的天花：用很密的黑色网格吊顶，不封板，隐约可以看

图 7-30　山西五台佛光寺大殿平闇，在梁栿构成的一个单元里，正中是一个放大的格子——有的是方形的，有的是六角形的

到吊顶里面的管线。平闇是一种比较早期的天花做法，是封了板的，在一些石窟中可以看到这种形象和作法的表达。

　　第二种是**平棊**。这是在宋代一种很常见的天花做法。平棊和平闇最大的区别在于：平棊格子大，而且装饰的重点在格子里面。《法式》讲格子里面"雕饰彩色"，又讲"**贴络华纹**"，所谓贴络就是指那些花纹可能是在地面上加工好以后再贴到天花上，而不是古人仰着头直接画到天花上的。平棊的木条常常是蓝色或绿色的（图7-31）。我最喜欢的就是平棊内的图案，如"盘毬"这张（图7-32），中心和方圆之间的四角图案不是完全对称的，但是却没有不合宜的感觉，相反，看似对称而别具差别；另有方形和长方形的平棊（图7-33、图7-34），乍看都是对称的，仔细

图 7-31　山西大同华严寺薄伽教藏殿
平棊天花

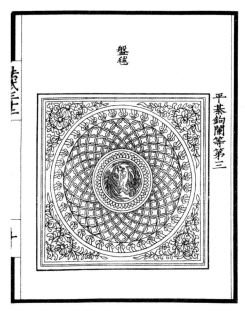

图 7-32　平棊图案——盘毬
来源：李诫.营造法式（陶本）[M].上海：商务印书馆，
1929：卷三十二.

图 7-33　方平棊
来源：《李明仲营造法式三十六卷》，
民国十八年十月（1929 年 10 月）卷
三十三.

图 7-34　长方平棊
来源:《李明仲营造法式三十六卷》,民国十八
年十月(1929 年 10 月)卷三十三.

图 7-35　北京智化寺大殿边侧斜向矩形平棊

分辨,会发现花朵的上下左右都不一样,有一种旋转的效果,十
分生动,如果今人设计平棊,很少会如此用心,可能画四分之一,
然后拷贝、翻转、完成。另外说一下,这种长方形的平棊,通常
用在边侧,如北京智化寺大殿,尽管是明代天花,同理处理边侧
的距离、空间、视线的转换问题(图 7-35)。

第三种是**藻井**,通常做在天花的重点部位。"藻井"这个名称
本身就和木构有关,"藻"和"井"都与水相联系,含"厌火"之
意。因此藻井的装饰通常以植物纹为主,譬如我们在石窟里看到的。
当然,到后来就脱离了藻井原意,出现了宫殿的藻井画龙凤、寺庙

的藻井描绘六字真言之类；河南济源紫微宫三清殿的藻井，因为是道教建筑，所以中心部分画的是太极图。

　　藻井在宋代最常见的式样是**斗八藻井**。斗八藻井主要需要解决的是结构如何从方转换到圆的问题。从平面看，通常先截取一个正方形，然后转换成八边形，然后再转换，如此向上逐步收小，顶部是一个**圆光**。从剖面看（图 7-36），斗八藻井就像一个覆斗，圆光部分的肋称**阳马**，阳马上面是**明镜**，这里是装饰的重点，而其余部分都是起烘托作用的。藻井在室内是非常重要的部分。我们在安徽采石矶做三台阁时，当地请了北京一家公司来做，这个公司在做古建筑施工方面很不错，其他都还好，但明镜做得不太成功——有主题，但周围没有陪衬，直接转换到方的空间，显得

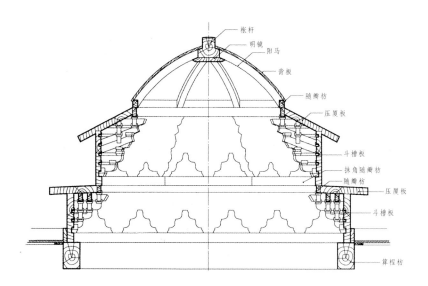

图 7-36　斗八藻井剖面图
来源：潘谷西，何建中.《营造法式》解读 [M]. 南京：东南大学出版社，2005：127.

图 7-37　浙江宁波保国寺大殿小斗八藻井

很突兀。一般来说，斗八藻井出现在大殿的明间；但还有一种相对比较简单的叫**小斗八**，主要出现在副阶部分，如浙江宁波保国寺大殿副阶（图 7-37）。小斗八和斗八藻井的做法概念相同，只是形状转换的层次少一些，实际上其高度上的变化需求也少一些。

　　我们展示的宋式斗八藻井的做法，斗栱层层出挑，上面承托着相当于圈梁的部分，再上面是阳马，结构是相当清晰的。到清代，建筑技术水平越来越高，像天坛皇穹宇，直径达十九米多，中间没有做梁，而是靠斗栱层层出挑的方式直接做成了圆顶。

五、帐、藏

帐相当于室内家具，主要出现在宗教建筑中，用于像设或者贮放经文，抑或只是室内的象征和摆设。如佛道帐，主要在宗教建筑中会出现，实物不多，同学们今后碰到的机会可能也不多。用今天的话讲，佛道帐属于室内家具，可以用来藏佛像、装经文。

就帐本身而言，又有很多的做法和称谓，比如佛道帐、牙脚账、九脊小帐（图7-38）、壁帐（两边经常供罗汉）（图7-39）。其中佛道帐可以看到的有**天宫楼阁**（图7-40、图7-41），形式就像现在家里空间不够用时做的吊柜一样；另外还有山花蕉叶——这是指形象。但是帐通常要有所固定，常见的是和墙面发生关系。山西应县金代净土寺大殿的空中楼阁（图7-42），既可以打造琼楼玉宇的气氛，也有作为一个室内家具的实用性和合理性功能。这是非常著名的一例室内设计，当然它出现的年代要晚于宋代了。

还有一种特殊的、不附属于墙体的，叫作**经藏**，是很多抽屉构成的相当于书架的木制品。为了取东西方便，经藏可以做成转动的——**转轮经藏**（图7-43），或者说经藏转动人不动，也相当于修行了。譬如河北正定隆兴寺有一个转轮藏殿，其中的转轮藏就是一个完整的小木作——形式做成了建筑样式。而这个殿堂就是为了放置这个转轮藏，所以建筑的大木构为此是退让和变化的，用了**移柱**（相对规则的柱网发生了移动）和**大弯梁**（水平的梁发生了弯曲）构件，是一个一定要去学习的大木作和小木作完美结合的案例（图7-44）。

图 7-38　小帐
来源:《李明仲营造法式三十六卷》,民国
十八年十月(1929 年 10 月)卷三十二.

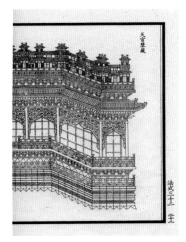

图 7-39　壁帐——天宫壁藏
来源:《李明仲营造法式三十六卷》,
民国十八年十月(1929 年 10 月)卷
三十二.

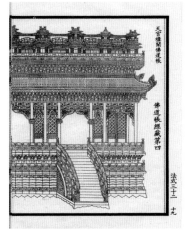

图 7-40　天宫楼阁
来源:《李明仲营造法式三十六卷》,民国
十八年十月(1929 年 10 月)卷三十二.

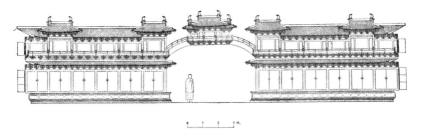

图 7-41　山西大同华严寺薄伽教藏殿壁藏
来源：刘敦桢主编.中国古代建筑史 [M]. 北京：中国建筑工业出版社，1980：201.

图 7-42　山西应县金代净土寺大殿的空中楼阁
来源：东南大学，潘谷西主编.中国建筑史（第七版）[M].北京：中国建筑工业出版社，2015：光盘 -
佛教建筑 95.

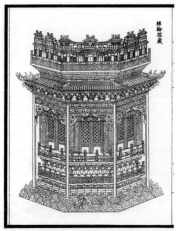

图 7-43 转轮经藏
来源:《李明仲营造法式三十六卷》,民国
十八年十月(1929 年 10 月)卷三十二.

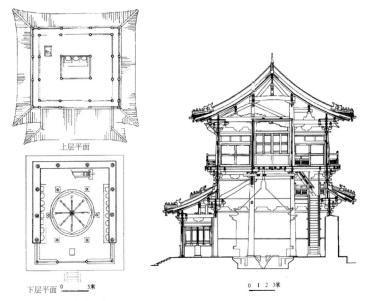

上层平面

下层平面

图 7-44 河北正定隆兴寺转轮藏殿
来源:建筑自郭黛姮主编.中国古代建筑史第三卷:宋、辽、金、西夏建筑(第二版)[M].
北京:中国建筑工业出版社,2009:382.转轮藏的轮廓底图来源:赵献超.正定隆兴寺转
轮藏[J].石窟寺研究,2011(00)289-303.

六、室外小木作

关于小木作，还有一部分是室外的。

第一种叫**叉子**（图7-45）。叉子实际上就是木栅栏。比如太原晋祠的献殿，原是举行活动时放供品的地方，虽然叫殿，但实际没有围护墙，只是用叉子划分内外（图7-46）。另外，在山门的力士像前面、金刚前面也有放叉子的，以使得出入空间有所界分（图7-47）。叉子与栅栏的区别主要在桯木的端头，最简单的端头就是圆的或者尖的，叫笋头，复杂一点就做成彩云头的形式（图7-48）。

第二种叫**拒马叉子**。拒马叉子又叫**梐枑**，在古代是挡马用的，相当于我们现在经常在小区道路中间看到的禁止车辆通行的水泥桩子。组成拒马叉子的构件主要有：望柱、桯子、串（固定桯子和望柱）（图7-49）。

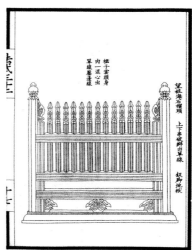

图 7-45　叉子
来源：李诫.营造法式（陶本）[M].上海:
商务印书馆，1929: 卷三十二.

图 7-46　山西太原晋祠献殿叉子

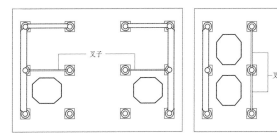

图 7-47　叉子可能位置

图 7-48　叉子头
来源：潘谷西，何建中.《营造法式》解读 [M]. 南京：东南大学出版社，2005：130.

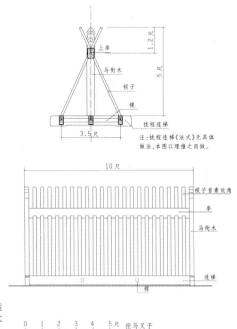

图 7-49　拒马叉子
来源: 潘谷西, 何建中.《营造法式》解读 [M]. 南京: 东南大学出版社, 2005: 131.

　　第三种是**勾阑**。前面石作部分已经讲过勾阑, 那么木头的勾阑用在什么地方呢? 主要是用在塔和楼阁的平坐部分 (图 7-50、图 7-51)。木头勾阑也有单台、重台之分 (图 7-52、图 7-53)。华版可以是横向的板, 也可以雕成镂空的花纹, 最常用的是勾片造, 或者是横向的槛子, 或者雕饰花纹。其关键是空隙不能太大, 以防不慎。

　　还有一种现在不太能看到的小木作——**水槽**。现在, 檐口部分常用白铁皮做水槽, 而在宋代, 水槽是用木头做的, 放在下檐檐口, 起着排水而保护基础的作用。与之相关的构件还有版引檐,

图 7-50　陕西扶风法门寺地宫出土唐鎏金铜浮屠，前有平坐
来源: 法门寺博物馆藏, 摄于国家博物馆.

图 7-51　江苏镇江北固山北固楼仿宋建筑的平坐

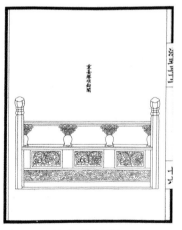

图 7-52　单钩阑项钩（勾）阑
来源: 李诫. 营造法式（陶本）[M]. 上海: 商务印书馆, 1929: 卷三十二.

图 7-53　重台钩阑项钩（勾）阑
来源: 李诫. 营造法式（陶本）[M]. 上海: 商务印书馆, 1929: 卷三十二.

所谓**版引檐**就是水槽上伸出来的、引导排水的部分（图7-54）。其实我在欧洲考察时也看到，建筑的落水管和檐口下的水槽有时也是用木头做的。

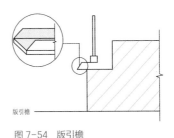

图7-54　版引檐

最后讲到的是**露篱**，露篱的概念现在日本还有。所谓露篱就是室外的墙，顶部用坡顶。坡顶怎么搭起来呢？是用一些小木构件进行基本的构造处理（图7-55）。露篱后来成为日本茶庭的代名词（日本茶庭是明末清初从中国传去的）。另外同学们以后去看一下天坛，圜丘外面的矮墙也用的是露篱方式，只是明清大多用砖砌了。

总体来说，小木作是完善大木作建筑室内外空间以及使用功能的重要组成，也是应对没有功能属性的大木作结构而赋予特性的必要部分。惟此，建筑才能走向特定可以使用的阶段。

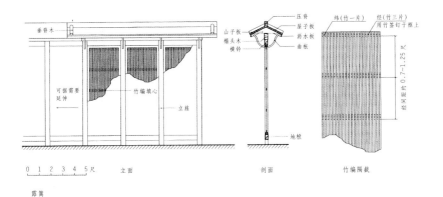

图7-55　露篱
来源：潘谷西，何建中.《营造法式》解读 [M].南京：东南大学出版社，2005：133.

第八讲

彩画等诸作法

　　建筑就是通过各工种诸作法才得以完成的，古往今来莫不如是。今天讲的作法，包含了《法式》记载的彩画作、雕作、旋作、锯作、竹作、瓦作、泥作，等等。有些是加工过程的内容，有些是完善建筑的必须项，本讲没有完全按《法式》记录的顺序，而是将彩画作提前了，以便于对于木作上的装饰与木作有更直接的衔接。另外，相关的明清作法也会在诸作法中做些对比介绍。

一、彩画作

　　彩画经过唐代的发展，到宋代已经相当成熟了。同学们如果去过佛光寺，会有一个印象：它的建筑内部——墙是白色的，柱子是红色的；画，画在墙壁上，是壁画，木构上没有画。但是到了宋代，画，画在木头上的现象已相当普遍——即**彩画**，是和木作相关的重要内容。木已构，饰以彩，在建筑结构完成、小木作完善的基础上，彩画是使得建筑具有特别神采的重要一环。因此我们说，彩画的发展不仅和颜料有关，更与人们的需求、建筑的做法、审美的表达相关。

（一）施工步骤

　　关于**彩画作**，《法式》非常成体系地按五大类进行了总结。我们首先介绍施工步骤，实际上在今天，彩画作的程序仍然没有什么实质性的改变。

　　第一个程序是"**衬地**"。我们知道，木作做好以后，木材的表面会有些缝隙，所谓衬地，就是用涂料刷白，把缝隙盖住。

　　第二道程序是"**衬色**"。实际就是根据彩画表达所需的色调作

底色，或者也叫作草色，当时主要用青、绿、朱等颜色。有点像画画，
如果是画秋景，天空和大调子我们会用暖色作底色。

第三道程序是**"布细色"**。就是根据彩画的类型、纹样具体上
色，整个过程就像我们画渲染图，先渲底子然后再根据建筑、树木
进行细致的加工。

如果有贴金、压黑，就在最后一道程序完成，这一道程序是所
有程序中制作最讲究的。

重点谈一下**贴金**。贴金是对工艺水平要求相当高的一个步骤，
如果日后同学们有机会去金箔厂或家具厂可以了解一下。这里顺带
谈一下古代金箔的制法，以及把金箔用到建筑上去的方法。金箔的
制法应该说从古到今没什么改变，就是对提纯后的金块进行锤打，
成为 2.5 厘米见方的金叶，金叶再经过 6 ~ 7 个小时的人工锤打，
产生 40 倍大的金箔，相当于 1 平方米左右。其中，金箔产生之前
有一道很重要的工序——要把金叶包在乌金纸里面，所谓乌金纸，
就是用煤油熏黑的一张纸。通过隔着乌金纸锤打，金叶变成金箔，
金箔再裁成小块贴到需要的地方。我们现在了解到河南殷墟出土的
商代金箔薄到 0.01 毫米，同学可以想象这种精细的程度！贴金箔
的时候，是用竹签子夹起来，贴到一个有黏性的底子上。唐宋时候
黏性底子主要用的胶是**鱼鳔胶**——一种从鱼鳔（俗名鱼泡）中提成
出来的黏性液体。比如彩画的花心中间一块需要贴金，就先涂上鱼
鳔胶，趁胶将干未干的时候，用嘴把金箔准确地吹上去。——这是
《法式》中记载和我在调研中了解的，但实际情形还有：在关中一带，
黏性底子用的是构树的津液；在民间，还有用豆浆、大蒜汁、冰糖
水等。南京有一家非常大的金箔厂，无锡的灵山大佛、澳门回归时

制作的雕塑"盛世莲花"都是这个厂做的。据我了解，现在金箔的制作已经加入了一些现代手段，比如乌金纸不再是用煤油熏的了，竹签子这类工具都用设备代替了，也可能近20年可以用机器人进行控制了，但是，整体的程序并没有实质性的改变。

经常和贴金配套的做法是——**沥粉贴金**。沥粉贴金是为了凸显花纹，在叶子或者花芯部分用粉状的东西做出凸起状。过去的做法是：把粉倒在猪膀胱里，前面装一个尖嘴子，再把粉挤到需要的地方。沥粉要做得饱满，然后在粉外面涂胶，把金贴上去。就我们现在所知，沥粉贴金的做法最早出现于敦煌莫高窟第263窟。贴金在唐代已经非常普遍，以至于到宋代达到铺张浪费的程度，因此在《宋史·仁宗记》里明确规定要销禁这种用金的做法。所以，在宋代的实物中间，我们很少看到像汉马王堆那样在衣服上大量贴金的做法，但是在建筑的彩画上，《法式》中等级比较高的一类，贴金用得还是很多。

到清代，贴金的黏液经常用的是桐油。桐油是从桐树中提取出来的液体，很亮，但时间长了颜色会泛上来。所以，我们看彩画中的贴金如果出现了发乌的情况，很可能就是胶底的问题。40多年前我在苏州东山考察，看到维修过的有些建筑彩画就属于这种情形，用金处反而发黑。

以上讲的是用金的情况，如果等级次一点，就不用贴金而用"**压黑**"。所谓压黑，就是用黑线或白线强化（也叫"**压白**"）花的轮廓或彩画的边棱，使得彩画更生动。

（二）颜料

接下来，讲一下颜料。插一句，我觉得实际上很多传统工艺古今都是传承的，所以现在的学生还是要了解一下。

当时的颜料主要是两类。

一类是矿物颜料，包括石青、石绿、朱砂（图 8-1）等。当时
的制作方法是把矿石磨成粉，置于容器中，经过水洗或者沙漏的沉
淀，粗细颗粒便形成分层，粗的沉在下面、颜色较深，细的于其上、
颜色浅一点，经过几轮，最细的漂在水面，如此形成像色谱一样的
分布状况（图 8-2）。如果是青色，沉在下面的就叫作**大青**，大青
上面的叫二青，再上面叫三青，最轻、漂在水上的叫**青华**。如果是
绿色，就叫**大绿**、**二绿**、**三绿**和**绿华**……有了这样的概念，同学们
就能了解等级很高的彩画所谓用"**四晕**"，指的就是用了一个系
列——不同深浅的颜色四层。

另一类是植物颜料。宋代的时候是以矿物颜料为主、植物颜料
为辅。植物颜料主要有**槐汁**、**藤黄**（*Garcinia hanburyi* Hook.f. 的树
脂）两种。从秦汉到明清，中国形成了一种特殊的色彩等级观：朱、
金、黄为最高等级，青、绿其次，再其次是一些复色如土红、土黄等。

图 8-1　朱砂（左）；石绿（中）；石青（右）；
以及常用的矿物颜料原材料（下）
来源：左：朱砂产地在哪里 [OL]. 黔农网 .
　　　中：矿物颜料那些事 – 只此青绿（石绿）[OL].
　　　右：颜料的前世今生 – 蓝 [OL]. 喜马拉雅 .
　　　下：山西太原纯阳宫藏（20240713）

至于这种等级观形成的原因，与我们以前上建筑史课讲到的五色与方位观、阴阳五行等有着互证的关系，这种观念在汉代已经成熟。

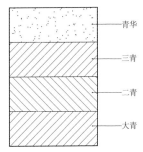

图 8-2　彩画颜料分色

（三）种类

彩画依基地大体分为两类：一是大木，二是小木。这两种彩画最重要的区别是：大木重在画，小木在于刷。在唐代，无论大木、小木，主要都以刷为主；但是到了宋代，做法就变得精细了。

《法式》将彩画分为五类：

第一类，也是等级最高的一类叫"**五彩遍装**"。以后同学们无论看彩画、画彩画还是设计彩画，首先要建立一个概念，就是要抓住三要素：一是题材，就是说画些什么内容的图案；二是色彩，即用什么样的色彩和这样的题材相匹配；三是构图，就是怎样把这些内容以一定的组织方式画到构件上。从题材看，五彩遍装比较常用的图案是飞仙、禽兽等动物纹样，而几何纹样用得比较多的是琐文。从色彩看，五彩遍装用的是等级最高的（图 8-3、图 8-4），譬如用"**四晕间金**"——四晕层次、局部间隔用金。至于构图，在宋代，还没有形成程式化的模式，基本还是一种平铺的方式，不像明清那么规范化。五彩遍装在实物中见到的很少，但是通过白沙宋墓等墓葬描绘的当时建筑情况，我们还是可以了解到这种做法。

第二类叫作"**碾玉装**"（图 8-5）。碾玉装很少用金，主要用青绿四晕，或者带些星星点点的金，叫作"**枪金**"。

图 8-3　五彩华文
来源：《李明仲营造法式三十六卷》，民
国十八年十月（1929 年 10 月）卷三十三．

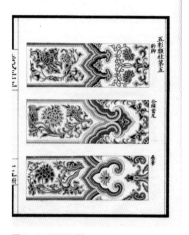

图 8-4　五彩额枋
来源：《李明仲营造法式三十六卷》，民
国十八年十月（1929 年 10 月）卷三十三．

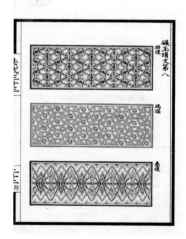

图 8-5　碾玉琐文
来源：《李明仲营造法式三十六卷》，民
国十八年十月（1929 年 10 月）卷三十三．

第三种叫作**"棱间装"**，主要是青绿相间（图8-6）。碾玉装和棱间装都以青绿色为主，特点是宁静典雅，它们是后来明清北方彩画主体的前身。

第四种叫作**"解绿装"**，以土红色为主（图8-7）。如在梁上作彩画，立面和底面就是矩形的，因此彩画会有一定的边棱。解绿装的边棱用二晕，等级比较低，边棱内通刷土红色。在南方，如江苏如皋的明代定慧禅寺大殿里，我便看到非常类似的解绿装彩画。

第五种叫作**"丹粉刷饰"**（图8-8）。它的级别比解绿装更低，用黑色或白色界棱，里面通刷土红或土黄。解绿装和丹粉刷饰，属暖色体系，后来在南方用得比较多，可以说它们是南方彩画的前身。

可以看出，随着等级的降低，彩画的图案越来越少：五彩遍装图案最多，碾玉装和棱间装还画一些花卉，到了解绿装和丹粉刷饰，主要就是刷颜色，只在边棱处用线条勾勒。

另外，除了《法式》上介绍的五大类，实际中我们还可以看到一些不明确属于某一类的、混杂的彩画，叫作**"杂间装"**。如两晕棱间内画松纹兼用解绿或朱刷，松纹本身等级不高，但又用了晕（图8-9）；还有我们在唐代和宋代建筑中都看到的**"七朱八白"**（红白间刷）（图8-10），也是一种简明的刷饰。

下面再谈一下彩画中出现的大量花瓣纹样。宋元到明清，花瓣围绕圆心组合，成为晚期清代旋子彩画发展的重要画种和纹样题材。同学们以后去看彩画或者设计彩画很容易碰到这个问题——花芯很简单，但花瓣非常复杂。研究图案学的，如雷圭元、庞薰琹先生等，认为典型的花瓣做法和南方的锦有关。锦常用如意纹（南方叫云纹），从宋代到明代（图8-11、图8-12），如意纹慢慢发

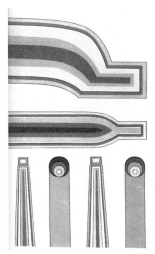

图 8-6　棱间装梁椽飞子
来源:《李明仲营造法式三十六卷》,
民国十八年十月（1929 年 10 月）卷
三十四.

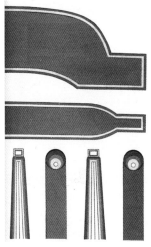

图 8-7　解绿装梁椽飞子
来源:《李明仲营造法式三十六卷》,
民国十八年十月（1929 年 10 月）卷
三十四.

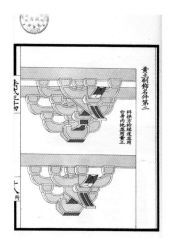

图 8-8　丹粉刷饰
来源:《李明仲营造法式三十六卷》,
民国十八年十月（1929 年 10 月）卷
三十四.

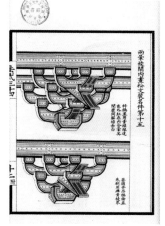

图 8-9　彩画松纹
来源:《李明仲营造法式三十六卷》,
民国十八年十月（1929 年 10 月）卷
三十四.

图 8-10　浙江宁波保国寺大殿额枋用"七朱八白"

图 8-11　山西太原晋祠圣母殿副阶前檐彩画纹样

图 8-12　青海西宁瞿昙寺山门乳栿和劄牵上彩画

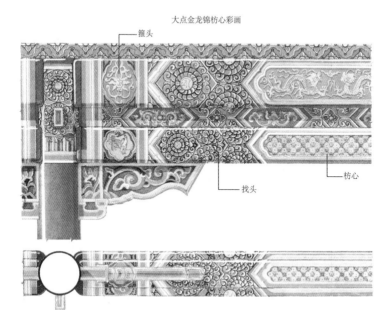

大点金龙锦枋心彩画

箍头

找头

枋心

图 8-13　清式彩画
来源：梁思成 . 清式营造则例 [M]. 北京：中国建筑工业出版社，1981：图版二十七 .

展成尖尖的旋瓣，称**"凤翅旋瓣"**，是青绿彩画中旋瓣的一种主流。
如果同学们看到这样的旋瓣，至少要断代这是明代及其以前的。以此
往前推，追溯到唐宋，花瓣纹样比较接近真实、比较复杂，有牡丹花
瓣等；往后推到清代，大量用的是叫**"旋子"**的旋瓣（图 8-13），
这种旋瓣就像旋涡，画起来非常简单，但艺术表现力和感染力不及
宋明的。类似花瓣纹样，彩画的构图和色彩的变化，经历宋、元、
明几代之间或变异或延续，至清代定型。

二、雕作、旋作、锯作和竹作

（一）雕作

雕作很容易理解，就是雕刻的做法。常见的有五种。这里主要针对木作，和前面说的石作有些概念是一样的。

第一种叫**混作**，现代叫圆雕。所谓圆雕，就是立体的、四面皆备的雕塑（图8-14）。比如太原晋祠宋代圣母殿的龙柱就是圆雕（图8-15）。

第二种叫**半混**，通常出现在栱眼壁上，是一种依附在壁上半突出的做法。

第三种叫**起突**，相当于高浮雕，同学们可以想象一下，有些门窗花板会这样装饰（图8-16）。

图8-14　雕木作制度
来源：李诫.营造法式（陶本）[M].上海：商务印书馆，1929：卷三十二.

图8-15　山西太原晋祠圣母殿龙柱上的龙为混作

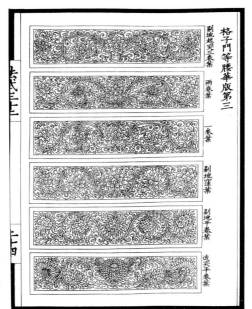

图 8-16　剔地起突格子门
腰花版纹样
来源：李诚 . 营造法式（陶
本）[M]. 上海：商务印书馆，
1929：卷三十二 .

　　第四种叫**隐起**，又称压地隐起，实际就是低浮雕——通过把底
子压下去使花纹突起来。

　　第五种叫**实雕**，根据花纹表达需求进行实物雕刻，实雕通常用
在悬鱼、惹草、云板等处。

（二）旋作

　　旋作，按今天的理解就是车出曲面的做法。比如莲花柱头，
就是先用旋作做成圆混的构件，然后再雕刻。再比如圆栌斗、转
角铺作上的宝瓶（图 8-17）、勾阑柎杖交接处压缝用的葱台钉（图
8-18）等，这些含曲面的构件都是用旋作做出来的。从宋代张择

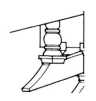

图 8-17　旋作——宝瓶
来源: 梁思成.营造法式注释（卷上）[M].北京:
中国建筑工业出版社, 1983: 254.

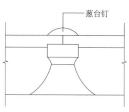

图 8-18　旋作——葱台钉

端《清明上河图》上，通过放大镜，我们可以看到很多作坊、街市活动中已经用了一些重要工具；由此可见，在宋代，工具的发展已相当完备了，旋作的应用和工具的发达是分不开的。

（三）锯作

　　锯作就是拉锯开料子，是选材以后下料子的第一步。开料子的一个标准是——节约木材，就材施用。"大料不得小用"是遵循的一个宗旨。比如上一讲讲到的破子棂窗，棂的取法主张用小料子一分为二，而不主张用大料子一分为四，这样大料就可以用到其他更有需求的地方，这就是所谓"大料不得小用"（图 8-19）。再比如飞椽，为减轻重量，一般前面要进行砍杀，于是取料套起来下料——一根料斜向一分为二，然后再加工，以尽量地节省材料，而不是先

图 8-19　锯作中的小料用法和套裁

截取一段方木再进行砍杀，这有点像衣服袖子的套裁——我年轻时喜欢自己做衣服，袖子用料是梯形的，左右合起来套裁最合理。另外，对于一些有结疤、瑕疵的材料，强调要"病疵施用，勿令失料"，这些料子可以用在草架部分。独乐寺观音阁落架大修时，我们看到它的草架，很草率，但实际上如此材料适用，它是符合植物生长原理的。这就像有时候结疤去掉，木材受力反而不合理了；如果人摔了一跤长了一个疤，此处便很结实不怕疼了。所以说，锯作的关键是：先判断材料，然后根据因材施用、大料不得小用的原则下料。

（四）竹作

和木材料相关的最后一项做法是**竹作**——以竹子为主材的做法。同学们首先要有一个概念：竹作在中原以及中原往东、往南的地方做得比较多，在中原以北就非常少见了，这和竹子生长需要的环境有关。竹作主要用在哪些地方呢？

首先是**竹笆**，它的作用相当于望板：铺在椽子上面，上面放瓦。竹笆的做法是用竹子织成经纬状（图8-20、图8-21）。延伸一下，椽子上面的做法最规矩的一种是铺木板，叫**望板**；到明代砖普

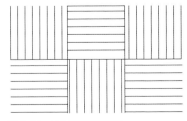

图8-20　竹作经纬编织示意

图8-21　江苏盐城民居望板用竹作
（20220923）

及以后就有用砖的，叫**望砖**。很多同学只知道望砖，实际上这是明清砖普及以后的做法。在宋代，椽子以上这个部分的做法很多：一是用木板；二是用竹笆；三是用**柴栈**，"柴栈"这两个字看上去好像很粗糙，但实际是一种用小木料铺起来的很讲究的作法；另外还有用苇箔的，这种做法相对草率，是用苇而不是竹子编起来。这四种做法都是形成面状的材料，可以在椽子以上铺瓦之前形成一个界面——封闭了内部空间、抵御外部环境的干扰。

其次，竹作还在障日板中用到，前面讲过障日板是分隔上部空间或者是窗户上面填充墙位置的构件，这部分用木作就叫"障日板"，用竹作就叫"**障日篛**"。

最后，竹作还用来夏天铺在宫殿的地上，相当于今天的竹席，宋代叫"**簟**"。簟不是一般老百姓用得上的，做得相当讲究。

三、瓦作、泥作、砖作和窑作

（一）瓦作

瓦作就是关于屋面盖瓦的做法。

1. 种类

今天我还注意到（东南大学）中大院的新瓦顶，好像是洋红色的，和传统的灰瓦不同。在宋代的时候，是看不到这样大片大片的瓦的。宋代的瓦，《法式》中介绍的主要有三种。

第一种是**素白瓦**，实际就是后来讲的灰瓦。素白瓦又分两种：一种是筒瓦，一种是板瓦（图 8-22）。

第二种等级比较高一些，叫"**青棍瓦**"。青棍瓦实际是黑色的，但我们不叫它黑瓦，黑瓦、灰瓦是后来的叫法。青棍瓦在北魏的时候就有了，唐宋时用得比较多。它用和烧灰瓦一样的办法烧制，然后用洛河石把表面的灰刷掉，再用水冲洗，形成很亮的瓦面。如果我们在大庙遗址里挖出青棍

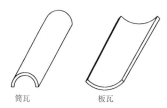

图 8-22　筒瓦、板瓦
底图来源：潘谷西，何建中.《营造法式》解读 [M]. 南京：东南大学出版社，2005：158.

瓦，那么至少可以断代是唐宋或唐宋以前的。在做镇江北固楼设计时，我们希望厂家用传统的做法做出青棍瓦，以表达宋式建筑——形态轮廓比较丰富，但这种做法已经失传了，现在用的黑、灰瓦没有光泽，即使屋面多角度变化由于没有反射光，远看就是一团灰黑色的；反过来想象，当时楼阁建筑富于变化的外观，一定是有相应的具体技术和做法支撑的。

　　第三种等级更高，或者说当时是稀少的，这就是**琉璃瓦**（瓦坯上涂釉再烧制）。琉璃瓦在当时可没有现在这么常见，色彩也没有这么丰富，当时主要是绿色的（图 8-23），我们常见的黄色琉璃瓦也是比较晚的事情。

晋祠用绿琉璃瓦（山西博物院藏，20240713）

图 8-23　山西太原晋祠圣母殿屋顶用绿琉璃瓦

2. 铺法

建筑学学生更会关心一个问题：这些瓦是怎么铺起来的？

首先要有一个概念：宋代瓦的尺寸要比清代的大——规格一般在直径15厘米～18厘米之间，盖得比较稀；另外，底瓦和盖瓦层叠的方式有异；再则，泥灰防水层以及望板与望砖的重量也不同。所以总的来讲，宋代的屋顶比清代的轻。由此我想到，明清以后比较注重柱梁间整体性结构，一方面与斗栱本身的发展有关，另一方面和屋顶单位重量的增加也是有关系的。

我画一下宋式瓦作其中一种（图8-24）：从立面或者平面上看，筒瓦和筒瓦之间的间距如果相当于筒瓦的宽度，那么底瓦就一定比盖瓦要大（宽度要宽），否则盖不住。底瓦的端头是**唇板瓦**（形成一条宽宽的唇以遮住端头），唇板瓦和青棍瓦所处的时期一样，是南北朝到宋代常用的底瓦和檐部处理的方法。从剖面上看，宋式底瓦的铺叠方式如图8-25左侧——如果以一片瓦的长度作为10分，

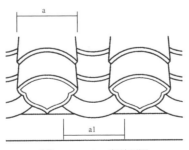

宋代　a=15cm～18cm，底瓦大于盖瓦

狮首琉璃金代勾头瓦当（山西博物院藏，20240713）

图 8-24　宋瓦盖瓦和底瓦铺叠形成瓦垄
来源：潘谷西、何建中.《营造法式》解读 [M]. 南京：东南大学出版社，2005：161.

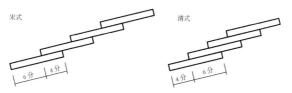

图 8-25　宋、清底瓦叠压方式对比

那么上层压住下瓦的是 4 分，露出来的是 6 分，所谓**"压四露六"**，此时一片瓦中间有 2 分是单层的。

再看一下清代做法（图 8-26）：和宋代不同，清代屋檐处瓦端头用的是**勾头**（端头盖瓦）、**滴水**（端头底瓦），勾头的做法民间和官方不同——官方用一种官帽式样的勾头，而民间的勾头上面刻着兽头之类的纹样，地方民间建筑变化更多，如安徽民居和一些地方建筑上，我们可以看到勾头也被做成滴水的样子，或者形似一张虎脸或人脸（图 8-27），整个檐部看上去密密麻麻的全是图案。从排布来看，清代筒瓦之间的距离相当于筒瓦宽度的二分之一；从剖面的层叠方式来看，"压四露六"改成了**"压六露四"**或**"压七露三"**，重叠的多了，此时瓦中间有一部分是三层重叠的，而其余部分至少是两层重叠，没有一处是单层瓦的。由此我们知道，清代屋顶要比宋代重多了，另外这也说明晚期的屋顶防水性能、密封性都要比早期的好。屋顶防漏水或者防风是古代建筑要解决的大问题，所以清代屋顶做法相对于宋代的变化，应该是古人长时间总结经验并优化而来。

我在《建筑学报》2019 年 12 期上发表过名为《瓦屋连天——

图 8-26　北京故宫文华殿东侧碑亭勾头、滴水

图 8-27　江苏盐城民居建筑屋面勾头、滴水

瓦顶与木构体系发展的关联探讨》[①]的一篇文章，对汉代、宋代、清代的瓦屋面的不同铺法和叠法所产生的屋顶单位重量做过计算（表 8-1），也证实屋顶越来越重：一方面可能是防风防水及其瓦自重加厚等需求的原因导致；另一方面，屋面趋于合理完善的发展，重量的增加，也推动了木结构大木构件断面形式的改变和木构架的大木连接整体性加强的变化。这是我开展许多年研究所得出的结论。

---

① 陈薇. 瓦屋连天——关于瓦顶与木构体系发展的关联探讨 [J]. 建筑学报，2019（12）：20-27.

汉代、宋代、清代较高规格屋顶的单位质量（kg/m²）比较表

表 8-1

朝代	构造	瓦件尺寸（以各朝代尺制换算为cm）与重量（单件重量换算为kg）		其他构造尺寸和重量	单位面积屋面静荷载（筒瓦居中为例）
	套接	1）筒瓦和板瓦		2）草席 1m² 草席，计重 2.00kg 3）夹草泥层 夹草泥层重（估）： 1m²×13cm×1100kg/m³=143.00kg	 1）+2）+3） =56.25+2.00+143.00 =201.25kg
			筒瓦	板瓦	
		长（cm/件）	38.0	40.0	
		径（cm/件）	13.0	27.0	
		厚（cm/件）	1.5	1.5	
		单件重量（kg/件）	3.15	2.67	
		单位面积的数量（件/m²）	7.89	11.76	
汉代		瓦件重量 =3.15×7.89+2.67×11.76≈ 56.25kg			

续表

朝代	构造	瓦件尺寸（以各朝代尺制换算为cm）与重量（单件重量换算为kg）			其他构造尺寸和重量	单位面积屋面静面荷载（筒瓦居中为例）
宋代	压四露六 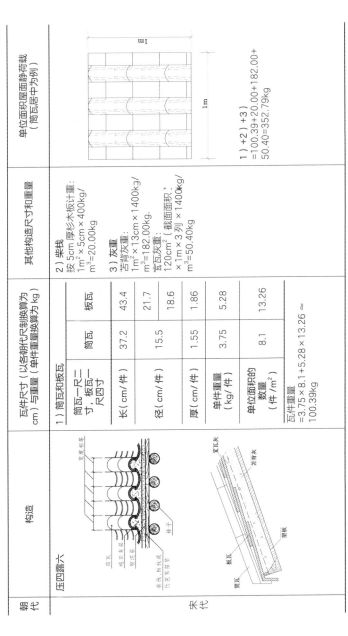	**1）筒瓦和板瓦** 筒瓦一尺二寸，板瓦一尺四寸	筒瓦	板瓦	2）柴栈 按5cm厚杉木板计重： 1m²×5cm×400kg/ m³=20.00kg 3）灰重 苫背灰重： 1m²×13cm×1400kg/ m³=182.00kg。 筒瓦重： 120cm²（截面积） ×1m×3列×1400kg/ m³=50.40kg	1）+2）+3） =100.39+20.00+182.00+ 50.40=352.79kg
		长（cm/件）	37.2	43.4		
		径（cm/件）	15.5	21.7		
				18.6		
		厚（cm/件）	1.55	1.86		
		单件重量（kg/件）	3.75	5.28		
		单位面积的数量（件/m²）	8.1	13.26		
		瓦件重量 =3.75×8.1+5.28×13.26≈ 100.39kg				

续表

朝代	构造	瓦件尺寸（以各朝代尺制换算为cm）与重量（单件重量换算为kg）	其他构造尺寸和重量	单位面积屋面静荷载（筒瓦居中为例）
清代	压七露三	1）筒瓦和板瓦 | 六样琉璃瓦	筒瓦	板瓦
长（cm/件）	30.4	33.6
径（cm/件）	14.4	25.6
单件重量（kg/件）	2.54	3.06
单位面积的数量（件/m²）	12.6	38.8 | 瓦件重量=2.54×12.6+3.06×38.8=150.73kg	2）望板 厚度以椽径十分之二（3cm），密度约400kg/m³： 1m²×3cm×400kg/m³=12.00kg 3）灰背 苫背灰次重： 1m²×13cm×1400kg/m³=182.00kg。 宽瓦次重： 80cm²（截面面积）×1m×4列×1400kg/m³=44.80kg	 1）+2）+3） =150.73+12.00+182.00+44.80=389.53kg

图 8-28　北京故宫文华殿东侧碑亭檐口类似腰钉作用的滴当火珠，清式，2014 年修缮中

另外，筒瓦都是一段一段相接的，做到坡度比较大的地方，比如小亭子的顶部，铺瓦的时候就需要加钉子，这些钉子叫作**"腰钉"**，清代建筑亦然，需要固定的地方加钉，除了屋面陡峭的地方，檐口有**滴当火珠**（钉外有钉帽盖住）（图 8-28）。

3. 脊法

讲到瓦作，还要讲到屋脊。我们试着通过对比来更深刻地理解宋清做法的不同。

唐代、宋代、辽代的**博脊**（屋顶两个屋面交接的正脊），虽然看上去很高，但用材很简单，只是用盖瓦和底瓦本身，再加上泥灰，**当沟**（正脊与屋面瓦交接处）部分用半个筒瓦侧立的做法（图 8-29）。了解这些做法很重要：测绘的时候，我们用竹竿抵到室内脊槫下皮测出高度，而脊槫的直径可以通过低一点的檐槫了解到。然后脊部就可以根据常规的构造做法来画——通过在室外数出屋脊砖的皮数，再加上灰缝，整个高度基本可以推测出来。民间建筑有的即使在明清，

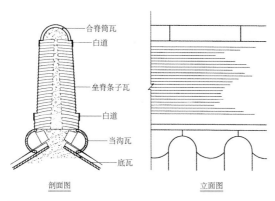

图 8-29　宋式屋脊做法
来源: 潘谷西, 何建中.《营造法式》解读 [M]. 南京: 东南大学出版社, 2005: 162.

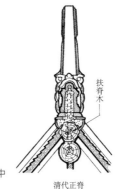

图 8-30　清式屋脊做法
底图来源: 梁思成. 清式营造则例 [M]. 北京: 中
国建筑工业出版社, 1981: 图版十八.

也还大量用唐宋辽的这种做法。因此, 有了这个构造的概念, 我们
自己或者指导学生便可以方便地将测绘图画出来。

　　但是到了元明清, 官式建筑的屋脊基本是用预制构件做的
(图 8-30), 不爬上屋顶去量或者通过经纬仪测量就很难测出
来, 当然现在可以用更多技术手段计算出来。但古代晚期的脊

法和唐宋的非常不一样：从内部来讲，**扶脊木**（位于脊檩上方，一般是六角形断面）的出现，就是为了把上面的预制脊构件和脊檩联系起来；从外部来看，脊瓦是一段一段烧制的，而在剖面上看，是一个整体，必须要用连接构件将其和木构加以连接，所以扶脊木应运而生，否则用钉子将其和脊檩连接，将损伤檩条的强度。

　　另外，和瓦作有关的还有兽（图 8-31）。在屋面和屋面相交形成的博脊、**垂脊**（歇山或者悬山屋顶正面和山花面交接的屋脊）、**戗脊**（宋代曰**角脊**——正面和侧面坡屋顶 45°交接的屋脊）的地方，会出现兽。比如，在博脊和垂脊或戗脊相交的地方，还有一种叫**鸱吻**的构件（图 8-32），应该可以理解它既是构造的构件，也有象征意味的表达：吻就是咬合的意思；鸱是水生的动物——厌火的意思，同时在脊端头形成有力的形象。鸱吻、鸱尾在殿阁、楼阁和亭榭中用得比较多。如果在厅堂正脊端头或者垂脊及戗脊下端，用**兽**

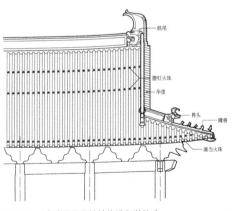

图 8-31　宋式屋面交接处构造和装饰合一
来源：潘谷西，何建中.《营造法式》解读 [M]. 南京：东南大学出版社，2005: 164.

图 8-32　山西芮城永乐宫重阳殿元代琉璃鸱吻（山西博物院藏，20240713）

头比较多，等级相对低一些。另外，在博脊相交的地方，比如盝顶或者十字交叉的屋顶，会用到合角鸱尾。还有一种是**蹲兽**，主要是指戗脊上的小兽。为什么会出现蹲兽呢？在转角戗脊部，一般也是用盖瓦做的，是一段一段的，蹲兽就是为将一节一节瓦交接的钉子位置盖起来。同学们一定要理解，吻、龙头等形式的出现，完全不只是为了装饰，中国古代的构件作为构造出现的时候，往往是一种整体性的考虑，即考虑了一种构造以怎样的面貌出现更容易被接受。我们看到宋代以后大量用蹲兽，不同的是：宋代的用双数，前面有一个嫔伽；而清代用单数，前面是仙人，后面是走兽，习称"仙人走兽"。

　　以上这些做法都和屋顶瓦作有关。所以说，中国古代的屋顶尽管很重，但经过举高的处理，再加上一些装饰性的处理，仍显得非常漂亮和优雅。

（二）泥作

　　泥作是关于墙面抹灰的做法。我们这里介绍的主要和颜色有关。

　　第一种是**红灰**——成份是石灰加红土，有粉朱、赤两种，一般用在殿阁和厅堂建筑的墙，呈浅土红色，厚度大概是1分3厘。

　　第二种是**青灰**——成份是石灰加青墨或软石碳，形成灰色的墙面。

　　第三种是**黄灰**——成份是石灰加黄土或藤黄之类，呈浅黄色，民间建筑用得比较多。

　　第四种是**破灰**——是一种白色里面带黄点子的做法，成份应该是石灰加上带颗粒的黄土和沙子，所以看上去有点儿质感。这种墙面很好看，日本建筑茶庭建筑之类大多属于此类吧。

有了这些泥作，无论是土作还是砌筑的墙面，其实都有了防水的功能，同时泥作的色彩也赋予建筑个性和美感。

（三）砖作

在宋代，大量用砖还不是常事，那么哪些地方会用到**砖作**呢？隔减、踏道、慢道、须弥座、砖墙、渠道、井圈、铺地等（图 8-33、图 8-34），这些都属于《法式》中谈到的砖作所用的范围。实际上，在地下用砖砌筑墓室是更久远的事情，但不是《法式》以木构为主体进行表达的内容。

隔减和砖墙前面我们讲过，而渠道和井圈在现在属于土木工程，所以我重点讲和建筑单体相关的砖作。

首先砖作用于垒阶基较普遍。我们知道，中国古代建筑分三份，最下面一份就是阶基。**阶基**分普通阶基（图 8-35）和须弥座两种。普通阶基又分三种，一种是**平砌**，外观比较平整，收分在 1.5% 左右；另一种是**露龈砌**，就是露出砖块侧棱的砌法，用于收分比较大的高台基，收分一般在 4%～8% 之间；还有一种高台或城墙的阶基，下面往往用露龈砌形成粗垒部分，上面用平砌形成细垒部分（图 8-36），这样人就不容易爬上去了。如果是亭榭的台子，或者旷野地带做得比较粗犷的台子，收分可以更大，在 8%～20% 之间。至于须弥座，这里就不多讲了。形制和石作是一样的，只是材料用砖而已。

然后讲一下踏道和慢道：**踏道**就是台阶；**慢道**就是斜坡，一般出现在台基前面。踏道比较简单，砖砌做法变化不大。关于慢道，在北方，冬天下雪结冰以后地面非常滑，所以像慢道这样的地

图 8-33　浙江杭州南宋临安御街砖作渠道遗址

图 8-34　浙江杭州南宋临安御街砖作铺地遗址

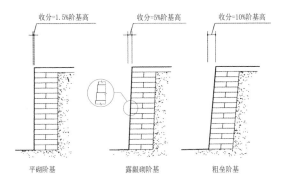

图 8-35　砖砌阶基
底图来源: 潘谷西, 何建中.《营造法式》解读 [M]. 南京: 东南大
学出版社, 2005: 211.

图 8-36　江苏南京明城墙东段高大砖墙下部露龈砌

方，为了防滑，一般采用**露龈侧砌**（砖的一侧的棱露出来）的做法形成"**礓磜**"（图 8-37），在明代南京诸如城墙马道和斜坡道还保留这种做法，大家可以在中华门（明代聚宝门）的马道、太平门至台城段城墙以及成都考古发掘的明代步道的做法中看到（图 8-38 ~ 图 3-40）。如果建筑台基比较大，慢道的做法可能更丰富（图 8-41），如图所示的慢道做法叫作**三瓣蝉翅**（三边形），另外还有**五瓣蝉翅**（五边形），我看到 ABBS 建筑史论坛上有一个非常活跃的人叫"三瓣蝉翅"，想必是学过《法式》的。

图 8-37 露龈侧砌形成礓磋

图 8-38 江苏南京明聚宝门（现中华门）马道礓磋

图 8-39 江苏南京明城墙台城段高差大，坡道用露龈砌

图 8-40　四川成都中心遗址明代礓磋步道

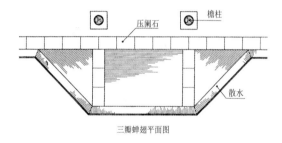

三瓣蝉翅平面图

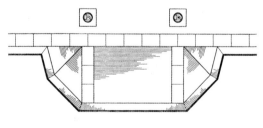

五瓣蝉翅平面图

图 8-41　慢道砖砌平面
来源：潘谷西，何建中.《营造法式》解读 [M]. 南京：东南大学出版社，2005：215.

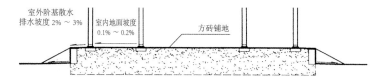

图 8-42　砖地坡度
来源：潘谷西，何建中.《营造法式》解读 [M]. 南京：东南大学出版社，2005：214.

　　铺地也会用到砖作。古代建筑室内铺地往往比较讲究精细，交接部分做成斜面，粘接材料与斜面联系，而从表面看几乎没有缝隙，不似我们现在如家装的铺地，地砖之间都是垂直于灰缝，开始时还比较好看，时间长了灰缝就很明显，很难看，若是厨房更甚，还有油腻粘着。如果在室外，铺地还需做出坡度，以便于排水（图 8-42）。这些注意事项，古代和今天都是一样的，它体现了设计者考虑的精细程度，对于我们今天建立正确的设计概念和技巧也是很有帮助的。

（四）窑作

　　最后讲一下窑作。具体的加工就不多讲了，这里只讲和建筑比较有关系的砖的品种和规格，应该说和今天大致是差不多的。重点介绍几种。

　　第一种是**条砖**（长方形的砖）。同学们要有一个概念，过去的普通型条砖比今天的要长、要薄，整体偏扁。我们知道砖薄到一定程度，强度就会有问题，但事实证明宋砖还是非常坚实的，所以说，古人对于砖的长厚比掌握得非常好，而且重要的是烧窑的工艺科学。

第二种是**方砖**，主要是室内铺地用的。如果是磨制加工非常细致的，我们就叫作"**金砖**"，金砖是方砖之一种。宋代的方砖尺寸是2尺见方，相当于60厘米，而现在的方砖尺寸已经削减到了1.3尺，我算了一下，大概是40厘米~43厘米左右，比宋代小多了。如果再想烧制得大一些，强度就达不到要求。可以说，在制砖技术方面，我们是越来越落后了，这可能与水和泥的配比、技术的掌握以及烧制的程序和火候都有关系。

第三种是**压阑砖**。压阑砖的作用和阶条石相当，它的规格一般是条砖的两倍，宽1尺多，长2尺多。

第四种是**砖碇**——一种小的、方的砖，主要镶嵌在柱础四周等交接的地方，位置比较次要、不显眼。

第五种叫**牛头砖**，也称为楔形砖，形状像梯形（图8-43），上大下小。牛头砖主要在砌拱券的时候用，比如城门、井圈等。

另外，用条形砖砌台子的时候，如果收分大，那么转角的地方很容易露出龈，因此就有一种砖，叫"**走趄砖**"，或者叫趄条砖——一端是斜面，主要是在做收分时补龈用。南京灵谷寺无梁殿建筑是一座明代砖构建筑，建筑转角也是用收分的，这里的砖就需要用到走趄砖（图8-44）。

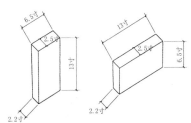

图8-43　牛头砖
来源：潘谷西，何建中.《营造法式》解读[M].南京：东南大学出版社，2005：215.

到此为止，我们对于《法式》按纲目系统介绍了一遍。大概讲了六个方面：第一，怎样读一部工程书——像《法式》以及今天的规范一类的书；第二，讲了土方工程和石作；第三，重点介绍了大木作；第四，介绍了大木作建造的设计；第五，介绍了小木作；第六，介绍了建筑完成的相关做法，其中牵涉构造、装饰、选材等。

图 8-44　江苏南京灵谷寺明无梁殿，收分处用走趄砖

应该说，不管《法式》是总结了前人的经验，还是约束了人的创造力，它所记录的是建筑营造的完整过程——从拿到任务书，到设计，到施工，到选材。从这点来说，理解《法式》对于我们深入理解建筑行业的工作过程是非常有帮助的。

最后，我想强调几点——我们学习的《法式》和今天建筑学中的建筑设计的差异和关联。

第一，《法式》模糊了建筑的功能需求，将建筑的结构转化为一种类型设计，无论什么功能的建筑，都以大木结构及其从材分制推演的模数作为关联设计来完成。我认为，中国古代建筑因功能而产生的差别主要体现在和环境的关系、小木作的设计等方面。但是，这样的思维和今天的建筑设计有没有关系？我觉得现在很多建筑设计也采用这种思路，特别是在房地产开发的时候，比如北京王府井街口建设的世纪广场大楼，设计的时候并不知道是什么功能，它日后是要出租给很多单位的，后来我进去看，发现里面有许多是办公空间，甚至北京的青年剧院也在其中，所以说，它的设计和古代一样，只是做到柱网结构部分，然后再进行二次设计。很早的时候，潘谷西先生的一个研究生贾倍思博士（现任香港大学教授）就提到过中国古代一些设计方法和现代住宅设计观念的关系，我觉得从这点来进行理解，对我们还是有帮助的。就是说，古代是一种通用性单体设计，先不管功能，后面再进行二次设计。今天很多房地产开发商的这种意识是很明确的，这和我们在学习期间从具体建筑属性的功能入手的设计方法还是有所不同的。当然在一些特殊空间设计时，木构也是优先考虑室内需求的，如为了安放大佛或者转轮藏而调整建筑结构做法。

第二，我觉得同学们学完《法式》一定会建立这样的一个概念，即中国古代建筑并不是先设计平面、立面、剖面，然后配结构而形成的，中国古代的建筑基本形式是结构、构造的外在表现，是出于一种整体的考虑，不像我们今天，是形象先行、结构再配，有些构造是到材料厂家才设计，是分离的。我觉得，这种区别可能因为当时结构的可能性是单一的，而现在结构的可能性是多样化的，要达到一种形式，可以用砖做，也可以用木做、用钢结构做……所以我们说，古今思维方式的不同，是结构方式由单一向多元发展的必然结果。但是，同学们最疑惑、最想探讨的可能是这个问题——既然现在结构形式已经变了，那么是不是还一定要用大屋顶呢？其实很多建筑师、很多文章都探讨了这个问题：这种形式究竟是徒有外表，还是像古代一样，是内在整体性的外在表现？我觉得走到今天，当形式内化为一种文化和审美时，完全可以出于对环境的考虑，用其他结构来设计这样一种沿袭的形式，关键是在简化到何种程度，简化后的形式能表达怎样的概念，这可能是我们要深入思考的。最近又看了一次戴念慈先生设计的山东曲阜阙里宾舍，当时争议很大的是——他用现代结构和材料来做大屋顶，过了这么些年再来看，特别是鸟瞰，在紧邻孔庙和孔府这样重要的位置，用这种外在形式取得曲阜城整体面貌的保存，还是很有积极意义的。所以，我们要从多方面来理解古代建筑的现代意义。

另外，我觉得有一点相当重要。过去我们学习中国古代建筑的时候比较强调它的词汇和语法——古建筑语言是怎么建造出来的，同学们开始学的时候比较关注其中的词汇，比如斗栱、大屋顶、鸱吻、惹草、悬鱼等，但学完了《法式》，同学们一定会建立这样一个概念：要形成一种语言，词汇固然重要，但要形成一种有体系的、一看即能感知其气韵的语言，关键还在于它的结构和构造方式，也就是词与词之间是如何进行组织的，有时候一篇文章辞藻华丽，但如果结构不好，就会显得很累赘。所以，中国古代建筑语言的形成，从某种意义上说，组织方式的意义要远远大于词汇本身，它是一种充满数理逻辑的语言，和西方的几何观念、思维方式是不同的。我们学习《法式》，尽管其中有很多细节、很多很难明白的地方，有很多今天已经看不到的做法，如中国一个宋式单体建筑中，用钉量和用胶处都是很多的，我们鲜有关注。但是，整体来说，我觉得学习《法式》的关键在于——同学们要理解古代思维方式和今天的有什么不同，它对我们理解建筑有什么帮助，然后通过今后的作业、设计实践，对中国古代建筑的语言有进一步的理解，那么我们学习法式课程的意义也就实现了。

第九讲

《营造法式》图样

首先要说明的有两点。第一，《营造法式》图样只是中国古代建筑表达的一个侧面，不是全部，也不是代表，却是最为重要的一种。第二，Architectural Drawing 和建筑图样是有区别的，后者有范式（pattern）的意味，这使得我们能够理解和建立这样的概念：通过它，我们或许不能十分形象地与真实的建筑完全对位，却是认识中国古人如何展开建筑营造思路和理念的重要通道和合适途径。

一、《营造法式》图样体例与宋李诚《营造法式》

回顾第一讲，我重点谈过李诚《营造法式》之前的最初编纂，正值大政治家王安石的社会改革之际，第一次编写就是在熙宁年间（1068—1077年），修成是哲宗元祐六年（1091年）——因而被称为"元祐"法式。李诚着手是重编，时为宋哲宗绍圣四年（1097年），其时由于第一部"元祐"法式控制不了工料而被废止，所以李诚重修的最主要出发点就是《劄子》（《营造法式》序）所言"关防功料，最为要切，内外皆合通行"。宋徽宗崇宁二年（1103年），由李诚编纂的《营造法式》出版，后世称为"崇宁本"。这部《营造法式》的意义，不仅在于它是一部建筑技术专书，而且是有利于在建筑建造过程中进行计算、使用、分工、组织和控制的标准手册式的官书。

这从它的体例中反映十分显著，全书分为总释（第一、二卷）、壕寨制度和石作制度（第三卷）、大木作制度（第四、五卷）、小木作制度（第六至十一卷）、雕作旋作锯作竹作瓦作泥作制度（第十二至十三卷）、彩画作制度（第十四卷）、砖作和窑作制度（第十五卷）、功限料例（第十六至二十八卷）、图样（第二十九至三十四卷），外加前面的目录、看详两卷，在陶本出版时被称为《李明仲营造法式三十六卷》。这既是一本讲求建筑制度和算法的书籍，也是一本按建筑做法编排的、不同工种分工分类的、关涉建筑完成过程的工程用书，体系完整，内容丰富，纲举目张。

　　而这个纲就是中国古代在宋代业已成熟的木结构建筑，《营造法式》图样内容集中在卷二十九至三十四，占书篇幅几乎为 1/2，比重很大，所展现的就是中国古代建筑中最为核心的木构建筑建造的主要内容。按建造过程，图样有壕寨石作（主要是关于基础和柱础的做法）、大木作（起结构作用的大木用材的做法）、小木作（起装修和完善作用的小木用材的做法）和彩画制度（装饰木表和表现等级的做法）等。

　　值得强调的是，这样的图样体例，是《营造法式》的重要内容。第一，"图样"不是一幅幅没有关联的建筑图纸，而是一个建造系统，它既是《营造法式》正文的注脚和进一步阐释，本身也相对独立存在。第二，"图样"的编排顺序，在另一个侧面也强化了《营造法式》既为专书又为官书的双重意义：可以作为设计与建造的技术参照，也可方便作为分工、组织和控制等管理的参考。

二、《营造法式》图样的侧样图和正样图

　　《营造法式》图样中有一个很有意思的现象，就是这本关于建筑的经典书籍，却没有一幅建筑单体的立面图，相比较罗马**维特鲁威**（Vitruvius）的**《建筑十书》**（*VITRUVIUS, The Ten Books on Architecture*, 1914, Dover Publication, Inc, New York）中

诸如神庙的立面设计和柱式的图例，有着天壤之别。而这恰恰是认识中国古代木构建筑营造理念的最重要方面。

在《营造法式》图样中，大凡以建筑整体面貌出现的几乎全是**侧样**（可以理解为横剖面图），计 53 帧，只有另 2 帧为顺建筑面阔方向的、说明槫（檩条）缝襻间的图示（可以认知为纵剖面图）。它们表达的是什么呢？它们展现的是木结构由屋架到铺作到柱子到基础的重力传递的结构关系、进深的尺度关系、具有特色的屋面高下关系。

这至少表明中国古代至宋代的木构建筑单体的主体大木作部分，并不十分注重立面设计，而侧重关注成熟的结构体系，或者说，建筑建造的出发点主要是从木材的受力性能特点、天然木料尺度的有效使用、屋面排水等角度来考虑的。另一个证明这样的思考，是《营造法式》图样中的分类，如亭榭、屋舍、殿阁、殿堂、厅堂，也是从能反映建筑结构特点的侧样来区分的（图 9-1），而不是从立面形式或平面功能。

形成这样的侧样图表达体系，追溯起来至少有三个基本原因。

第一，使天然的木材得到最大限度地运用，这和古人认为天然木材是良材的认识习得有关，不但要尊重它的生长特点，不随意砍伐①，而且要"无枉物性"②，因材适用，大料不得小用，在《营造

①　《礼记·月令》载：孟春之月，"禁止伐木"，仲冬之月，"草木黄落"，乃伐木时日。所谓"反举大事，勿逆大数，必顺其时，慎用其类"（礼记 [M]. 上海：上海古籍出版社，1987：84-95.）。
②　唐代白居易《大巧若拙赋》曰："若抡材于山，审器于物，将务乎心。匠之忖度，不在乎手泽之剪拂。故焉为栋者，任其自天而端；为轮者，取其因地而屈；其工也，于物无情；其正也，于法有程；既游艺而功立，亦居肆而事成，大小存乎？……梓材殊罔，枉枘以凿罔，破圆为觚，必将考广狭以分寸，定方圆以规则，则物不能以长短隐，材不能以曲直诬，可谓艺之要、道之枢，是谓心之术也……是以大巧弃其末工则知巧在乎。无枉物性，非劳形于棘猴之中。若然者，岂徒于般尔之辈，骋伎而校功哉。"[(清)陈梦雷. 古今图书集成·经济丛编考工典：第六卷 工巧部总论·工巧部艺文 [M].]

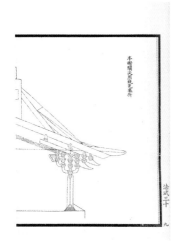

图 9-1-1　亭榭侧样
来源：《李明仲营造法式三十六卷》，
民国十八年十月印行（1929年10月）
卷三十.

图 9-1-2　屋舍侧样
来源：《李明仲营造法式三十六卷》，
民国十八年十月印行（1929年10月）
卷三十.

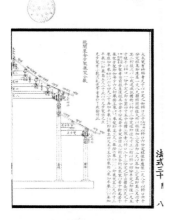

图 9-1-3　殿阁侧样
来源：《李明仲营造法式三十六卷》，
民国十八年十月印行（1929年10月）
卷三十.

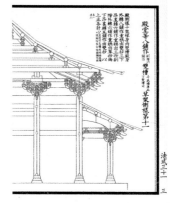

图 9-1-4　殿堂侧样
来源：《李明仲营造法式三十六卷》，
民国十八年十月印行（1929年10月）
卷三十一.

图 9-1-5　厅堂侧样
来源:《李明仲营造法式三十六卷》,
民国十八年十月印行（1929 年 10 月）
卷三十一.

法式》中对于主要用大料的柱、梁、槫等均给予特别的规定。定"侧样"便是古代木构建筑设计的最重要内容,而与此相关的关键尺度"进深"及构成进深的"**架深**"（槫距）尤为重要,《营造法式》对架深作了极限值的规定,即 100 ~ 150 分°（每分° 是栱断面宽度的 1/10）,便是综合考虑材料的尺度、受力特点、屋架做法及室内的空间比例给定的。极限值是《营造法式》图样表达的关键概念,也是一种限制和控制的智慧。

　　第二,在《营造法式》中,建筑的等级高低直接和木结构的做法系统关联,殿阁（堂）、厅堂、余屋由高到低的三级系统,在侧样的设计上完全不一样,用料也不一样,也就是各自的结构做法和承载受力多寡也是通过侧样来表达的。

　　第三,建筑图样的表达应该是和建造的原理同构的,一榀一榀的横向屋架自地面竖立起来并置于柱顶,再用纵向的槫和枋木联系,便成为中国古代木构建筑的主体,侧样图遂成为最必须和关键的图样,这与实际操作也相符。这和砖石建筑通过垒砌和注重构造而形成建筑的立面及空间的方法迥异。不过,这种木构发展出的营造概念和由砖石砌筑发展出的建构概念,都是尊重材料自身而发展出的建造逻辑与哲学思维。

这种对木材料的经营，从另一个侧面表现为：与大木作以侧样表达为主相反，小木作则主要用**正样**（立面图）来表达（图9-2）。小木作表达的各部分的关系与比例、纹样与内容，看不到一帧侧样图，是在大木形成的结构体系下的补充与完善，著书者不注重结构而倾心设计的思路一目了然。

透过这种对待大木作和小木作迥异的图样表达方式，我们几乎可以洞见古人在建造木构建筑上的清

图9-2　格子门扇正样图
来源：《李明仲营造法式三十六卷》，民国十八年十月印行（1929年10月）卷三十二．

晰理念：即大木作承担的是结构作用以及在结构设计中贯穿着的制度观念，如殿堂（阁）做法高于厅堂做法，厅堂做法又高于余屋做法，等级不一样，用料和自上而下传递的重量也由高到低；而小木作往往是完善建筑并赋予建筑特性、属性及神采的重要内容，如天宫楼阁佛道帐，进一步给予木结构建筑以佛教建筑的属性。从而，侧样图和正样图的结合方能形成和完成一个单体建筑的设计表达和建造需要。

三、《营造法式》图样的分件图和分型图

《营造法式》图样中关于大木构件的**分件图**很多，是一重要特点，特别是针对木结构的诸榫卯构件，基本采用分件表达的方式；

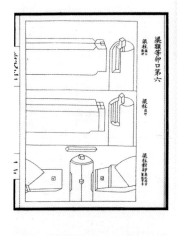

图 9-3　梁柱卯口构造图
来源：《李明仲营造法式三十六卷》，民国十八年十月印行（1929年10月）卷三十.

但是涉及装饰和制度，则采用**分型图**来表达等级，这在雕镌和彩画作中最为突出。

"大木作制度图样"对铺作诸构件、梁、柱、角梁、枋木各构件，均有详细的分件图、榫卯构造图，这也是中国古代木结构建筑特殊类型的构造图，表达大木材料之间形成结构体系的特别连接构造（图 9-3）。小木作凡系榫卯构造，也有相应的分件图。但是对于木材料和其他材料的相互连接，没有相应的分件构造图。这一方面说明宋代木构建筑的榫卯构造已十分丰富和成熟，古建筑的营造已形成与结构相应的完备构造系统；另一方面，也说明中国古代木结构建筑营造，偏重构造与结构一体的设计，而疏于与墙体连接的立面细节和构造设计。

同时，值得关注的是分件图的尺寸均以铺作的栱的断面"材分"

值为基本模数，"凡构屋之制，皆以材为祖，材有八等，度屋之大小因而用之"①，从而形成相应的等级与结构类型相匹配的做法。也是潘谷西先生认为的"这就是李诫所创的：制度—定额—比类增减的三步式编写体例，也是编制预算时使用《法式》的操作步骤"②。所以图样中的分件图，既是类似我们今天理解的构造详图，也是进行构件尺寸算法的基本图样，同时成为推衍结构侧样图的来源，还是控制等第下料、计算定额的重要参照。《营造法式》图样中的分件图只有样式没有尺寸，要和等第及文字对应才可下料加工。

　　和分件图不同，建筑彩画按等第分级，形成分型图样，包括五彩遍装、碾玉装、青绿叠晕棱间装、三晕带红棱间装、两晕棱间内画松文装、解绿结华装、丹粉刷饰七种（图9-4），每种在装饰图案、色彩、构图上均有等级上的区别。如色彩上，依中国汉代以来形成的色彩观念，有黄、红、金色高于青、绿色，青绿色又高于土红、土黄色的区别。这种强调设计观念和理念的图样，采用二维的平面和立面表达方式。

　　分件图注重表达建筑构件的榫卯构造关系，而**分型图**强调的是制度和等级。前者采用立体的轴测图，后者采用二维图样表达；前者完成的是与结构相关的基本要求，后者完成的是对诸分件的美观完善、建筑的等级呼应、功能性质的信息传递等。同时，这样的前、后者，也是进行建筑营造时的两个不同步骤，建造者也是不同的。相比较砖砌体将审美和砌法融为一体的构造设计与建

---

① 《李明仲营造法式三十六卷》第一册营造法式卷第四，大木作制度一"材"，民国十八年十月印行（1929年10月）。
② 潘谷西，何建中.营造法式解读[M].南京：东南大学出版社，2005：2.

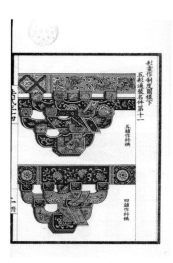

图 9-4-1　五彩遍装
来源：《李明仲营造法式三十六卷》，
民国十八年十月印行（1929 年 10 月）
卷三十四．

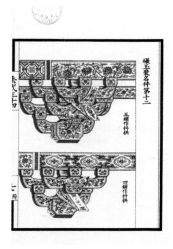

图 9-4-2　碾玉装
来源：《李明仲营造法式三十六卷》，
民国十八年十月印行（1929 年 10 月）
卷三十四．

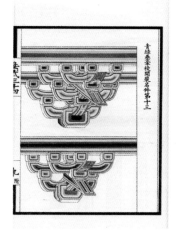

图 9-4-3　青绿叠晕棱间装
来源：《李明仲营造法式三十六卷》，
民国十八年十月印行（1929 年 10 月）
卷三十四．

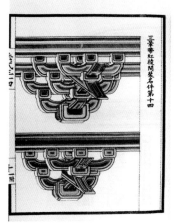

图 9-4-4　三晕带红棱间装
来源：《李明仲营造法式三十六卷》，民
国十八年十月印行（1929 年 10 月）卷
三十四．

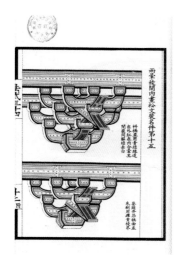

图 9-4-5　两晕棱间内画松文装
来源：《李明仲营造法式三十六卷》，
民国十八年十月印行（1929 年 10 月）
卷三十四．

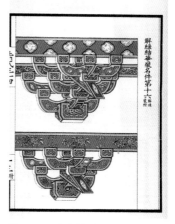

图 9-4-6　解绿结华装
来源：《李明仲营造法式三十六卷》，
民国十八年十月印行（1929 年 10 月）
卷三十四．

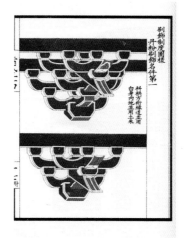

图 9-4-7　丹粉刷饰
来源：《李明仲营造法式三十六卷》，民
国十八年十月印行（1929 年 10 月）卷
三十四．

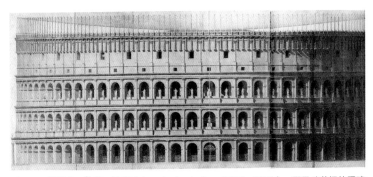

图 9-5　约瑟夫·路易·杜克（Joseph-Louis Duc, 1802—1879），罗马斗兽场的重建
（Reconstruction of the Colosseum, Rome, 1829 年）
来源：Helen Powell, David Lestherbarrow. *Masterpieces of Architectural Drawing*[M].
Hurtig Publishers Ltd Edmonton, 1982.

构，中国古代木结构建筑是由整体而细部、由质而后文的过程。在
Masterpieces of Architectural Drawing[①]中我们可以找到和《营
造法式》建造与设计理念完全不一样建筑图样表达，其实也是木和
砖石之不同材料为主体进行建造的逻辑差异（图 9-5）：中国的木
构建筑为营造，西方的砖石构为建构。这于中国古代的木构和砖石
构建筑也同样分别适用。

四、关于《营造法式》图样的讨论

（一）没有平面图，如何将建筑和功能结合形成建筑
类型？

从《营造法式》图样及相关文献我们了解到，中国古代木构建

---

① Helen Powelland, David Leatherbarrow. *Masterpieces of Architectural Drawing*[M]. Hurtig
Publishers Ltd Edmonton, 1982.

筑单体设计是采用结构优先的基本思路，而不单纯是从平面使用功能出发而进行结构设计和不断创造的过程。

　　这一方面和如上所述之木材的天然尺度及对它认识的观念有关，另一方面也与中国古代木构建筑成熟较早密不可分。我们知道早在新石器时期，中国江南的河姆渡文化的住民便创造性地使用了干阑式房屋，这是适应长江下游地区河湖纵横自然环境而产生的，运用榫卯结构，尤其是企口拼接高超技艺的木构建筑。这种以榫卯体系为主要特色的木构建筑，在进入夏商周三代（2070 B.C.—256 B.C.）已很普及，并成为华夏建筑，尤其是高等建筑的主流，气象可观。到汉代（206 B.C.—220），已基本完成后世我们能够看到的几乎所有的木构建筑样式，如庑殿、歇山、悬山、平顶等，并成熟使用斗栱作为屋架和柱子之间重要的构造与结构一体的构件。唐代，中国木结构建筑已达到结构与唐风（恢宏而舒展的风格）融为一体的境界。

　　在此基础上，宋代《营造法式》图样中在区分诸如宫阙、殿楼、亭榭时，是通过结构形式来表达的，同时必须和文字中关于不同类型的布局关系"释名"结合，才能理解不同建筑的性质。如关于"亭"，《营造法式》图样中表达的是屋面举折做法和图式[①]，要参照"《说文》亭，民所安定也，亭有楼，从高省，从丁声也"[②]，才能理解为何屋面要如此陡峭的做法。

――――――――――

① 《李明仲营造法式三十六卷》第五册营造法式卷三十，大木作制度图样上，附九一十二，民国十八年十月印行（1929 年 10 月）。
② 《李明仲营造法式三十六卷》第一册营造法式卷第一，总释上，民国十八年十月印行（1929 年 10 月）。

　　这种结构先行的理念，反映在另一个方面，就是《营造法式》图样中没有真正意义上的平面图，只有类似平面图的"**地盘分槽图**"[①]，其实是关于铺作层的结构布点图（图9-6），表达的是起结构和构造作用的铺作的对位关系。而实际的平面图，由于柱子要放脚（侧脚做法），是大于"地盘分槽图"的，而这在古人概念中似乎不很重要。同时，即使是表达铺作关系的"地盘分槽图"，也是表达铺作之间的关系，并不和实际的开间一一对应，因为中国宋代建筑的开间由中间而两侧是由大到小的，而"地盘分槽图"则以均等开间表达之。其为结构示意图显著无疑。而我们看到相当于同时期甚至更早的西方建筑平面图，是包含了功能和结构、类型和布局的，即使是单体，也不仅仅是结构的表达（图9-7）。

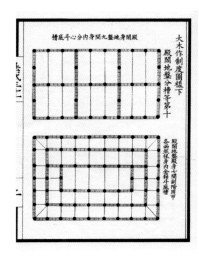

图9-6　殿阁地盘分槽图
来源：《李明仲营造法式三十六卷》，民国十八年十月印行（1929年10月）卷三十一.

[①]　《李明仲营造法式三十六卷》第五册营造法式卷三十一，大木作制度图样下，附九一十二，民国十八年十月印行（1929年10月）。

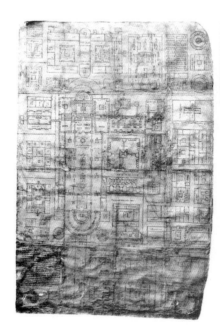

图 9-7　圣加仑的平面图（The plan of St.Gall. 820A.D）来源：Helen Powelland, David Lestherbarrow. Masterpieces of Architectural Drawing[M]. Hurtig Publishers Ltd Edmonton, 1982.

（二）没有立面和空间表达，如何体现建筑具体而独特的属性？

　　和我们看到的大多数西方古典建筑画（尤其是文艺复兴及以后）不同，《营造法式》图样没有立面和空间的表达，那么如何认识中国古典建筑具体而独特的属性呢？

　　第一，从小木作及彩画制度认识。如宫殿建筑，小木作的用料以及彩画的图案、色彩都是最高级的，木料是金丝楠木，图案是以龙、凤为主题，金、黄色是主调；又如佛寺建筑，小木作的佛道帐或壁藏、荷花等佛教纹样和青绿的色调，都会道出建筑所承担的角色。也就是说，如果大木作完成的是建筑骨架和主体，那么小木作和彩画相当于现在建筑的二次装修，是具体而独特建筑属性的表征；当然，砖作、瓦作也是相应配套为之。诚如《梓材赋》言，"抢材者，梓必将有以抢者动不妄施材者用之；为美，涂其丹，护之色，契乃斫雕之理成乎"①。即大木作要尽量因材适用，而雕琢色彩则为美其身。在工种上，也分属大木匠人和髹饰作匠人。

第二，从整体布局和外部空间认识。在《营造法式》中，这部分内容主要通过文字阐释单体建筑于不同位置上的称谓，然后再通过这样的关系，依等级高低定单体的不同结构做法。《营造法式》引《风俗通义》："自古宫室一也，汉来尊者，以为号天下乃避之也。义训，小屋谓之廑，深屋谓之庝，偏舍谓之亶，亶谓之束，宫室相连谓之移，因岩成室谓之厳，坏室谓之压，夹室谓之厢。"②同时尽管外部的整体空间表达技术与手段在宋代已很成熟，但在《营造法式》中不予纳入，并且《营造法式》对单体建筑间广、进深、柱高不作丈尺和材分的规定。对此，潘谷西先生的认识十分中肯："首先，作为建筑工程预算定额，《法式》的任务是为各种建筑部件制订用料、用工标准，以利'关防功料'，至于建筑空间尺度的控制，则不属它的职责范畴。其次，官式建筑的间数、间广、进深、架数、柱高等尺度，事关功能、礼制及形象需要，历来都由朝廷或主事官员确定，尤其是一些重要的殿宇，还有廷议、奏准等过程。……而间数、间广、进深、柱高等还和

---

① （清）陈梦雷，《古今图书集成·经济丛编考工典》第七卷，木工部丛考，木工部艺文，王澄《梓材赋》。
② 《李明仲营造法式三十六卷》第一册，总诸作看详，民国十八年十月印行（1929年10月）。

当时的财力及材料供应能力直接有关。所以，想从《法式》的字里行间寻找一套标准的间广、架深的材份值，不仅是不必要的，也是徒劳的"[1]。也就是说，涉及与设计有关的立面尺寸及与建筑整体关系相关的内容，由具有相当文化素养的工官决定，相当于现在的规划设计。而它也是决定建筑独特属性的重要内容，如宫殿的三朝五门制度、中轴对称等（图9-8）。

图9-8　蒯祥设计的北京宫殿

五、小结

1. 二元设计与建造观念是《营造法式》图样的基本脉络

大木作的侧样图、构件的分件图、地盘分槽图，关涉的都是结构体系与建筑建造的内容；而小木作的正样图、彩画的分型图、文字表述的建筑总体关系，则和设计、制度、规划有关。

《营造法式》图样表达出的这种二元或二分法，也是中国古代建筑设计过程对今天有启示的一点，即规划、设计由具有相当文化

---

① 潘谷西，何建中.营造法式解读[M].南京：东南大学出版社，2005：60.

素养和丰富知识的工官（相当于今天的规划师和建筑师）把持，而建造由管理人员和工匠控制和完成。

2. 在"营造"理念下的结构先行是《营造法式》图样的核心思想

《营造法式》的核心是木结构建筑，图样中的正样图、平面图及空间表达的缺失，正是结构先行的反证。相反，大木作的侧样图、构件的分件图、地盘分槽图，则充分表达出中国古人对天然木材的经营态度以及对早熟的榫卯技术的尊重和沿袭态度。

从另一方面看，这样成熟的木结构和构造体系，也制约了中国古代建筑在创新上的超越和突破，甚至对于砖石建筑这种完全不同于木构的建造体系，也形成桎梏和影响，从而中国古代并没有形成强大的类似西方的建筑建构观念。

3. "法式"表达是《营造法式》图样的突出特色

"画图可见规矩者，皆别立图样，以明制度"[1]，所以《营造法式》图样的突出特色是表达规矩和制度，是一种样式，不是一种真实。为此，如何表达？在《营造法式》图样中可谓丰富多彩和独具匠心。除侧样图和正样图外，也有通过轴测图、立面加局部轴测图、立面加局部透视图来表达的（图9-9），这也是宋代建筑画（**"屋木"**，又称为"界画"[2]）成为独立画种、画家已谙熟建筑的结构、构造、装饰、风格而能够随心所欲为之的结果。

有趣的是，在美国宾夕法尼亚大学受教育的梁思成先生和在中国

---

① 《李明仲营造法式三十六卷》第一册，总释上，民国十八年十月印行（1929年10月）。
② 界画，亦称"宫室"或"屋木"，中国画画科之一，是中国画中以界笔直尺等工具完成的画种，主要用于绘画建筑场景，是宋代科技发展在绘画中的表现。

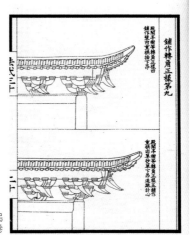

图 9-9　铺作转角正样图
来源：《李明仲营造法式三十六卷》，民国十八年十月印行（1929 年 10 月）卷三十.

南京大学（前身为东南大学、中央大学，后为南京工学院，复名今东南大学）受教育的潘谷西先生对《营造法式》图样的表达，评价极为不同。梁先生认为："关于原图，它们有如下的一些特点（或缺点、或问题）"，"总而言之，由于过去历史条件的局限，《法式》各版本的原图无例外地都有科学性和准确性方面的缺点。"[1]而潘先生则对《营造法式》图样充满盛赞和美誉："尤其值得推崇的是制图学方面的创意。……笔者称之为'变角立面图'的新方法，……图示效果极好，在现代建筑制图学中也未曾见过，是一种精心构思的创新之作。"[2]或许，这种理解上的差异，正是西方传统重视视觉而延伸的传统建筑学概念与中国古代建筑强调营造的理念之间的本质区别吧。

① 梁思成.营造法式注释（上卷）[M].北京：中国建筑工业出版社，1983：1-2.
② 潘谷西，何建中.营造法式解读[M].南京：东南大学出版社，2005：3.关于"制图学上的创新——'变角立面图'"详见 063-064 页。

第十讲

"极限"与"跨越"：
演绎宋式建筑

一、有法无式：极限、跨越和生产

宋《营造法式》的最后一讲，实质上是对该书价值的进一步理解，这部成书于中国古代北宋年间的建筑专书，也是后人学习中国古典建筑的重要法典。在我们学习以及若干学者研究以后，我还想传递给学生什么？

自 20 世纪 20 年代以来，许多学者致力于这方面的研究工作，矢志不渝、孜孜不倦。大致可分为四个阶段：

第一阶段：重刊、校订、校核和研究。以朱启钤先生仿宋重刊《营造法式》（1925 年版）为标志成果。对此，《中国营造学社汇刊》上载有"一九二五年版营造法式材料之来源及所引证之书籍图表"[1]。而中国营造学社的起步也是从《法式》切入，进而前推后延，逐步认知中国古典建筑谱系，形成对中国建筑史架构的重要基础。

第二阶段：实物调查、测绘、映证及注释。代表作有梁思成先生的《营造法式注释》（卷上）[2]。

第三阶段：专项的深入研究。代表作有陈明达先生的《营造法式大木作制度研究》[3]；潘谷西先生的系列论文和著作[4]；龙非了、徐伯安、郭黛姮、朱永春、张十庆等先生的论文。

[1]　中国营造学社编，《中国营造学社汇刊》第一卷第一册插页，民国十九年七月（1930）。插页原载于：W. PERCEVAL YETTS. A Chinese Treatise on Architecture[J]. BULLETIN OF THE SCHOOL OF ORIENTAL STUDIES. LONDON INSTITUTION, Vol. IV, Part III,1927: 491.
[2]　梁思成 . 营造法式注释（卷上）[M]. 北京：中国建筑工业出版社，1983.
[3]　陈明达 . 营造法式大木作制度研究 [M]. 北京：文物出版社，1981.
[4]　潘谷西系列论文：《营造法式》初探（一）[J]. 南京工学院学报，1980（4）；《营造法式》初探（二）[J]. 南京工学院学报，1981（2）；《营造法式》初探（三）[J]. 南京工学院学报，1985（1）；关于《营造法式》的性质、特点、研究方法 [J]. 东南大学学报，1990（5）；潘谷西，何建中 .《营造法式》解读 [M]. 南京：东南大学出版社，2005.

　　这些在讲课中略有介绍，那我要强调的是：学习《法式》又不囿于《法式》才是真正的经典。

　　首先，学生要了解《法式》的极限概念。建筑营造的分类、分级、下料、取材、设计、施工、管理，都不能乱来；但具体尺寸，其实给的是个极限值。如《法式》中，对于建筑分级后，就根据材等定具体构件的尺寸了，很具体，即梁和斗栱的尺寸。但是这些尺寸是设计尺寸吗？我实践的经验告诉我，如果认真地逐一按《法式》书上给的尺寸进行构件计算，然后按照样式搭建成图，结果是上、下构件之间会碰起来，搭不起一幢建筑来。我后来想通一件事：《法式》给的是一个极限值，就是最大值，是为了控制用料的。但是如果我们按照这个极限值设计，就会出现错误情形。这是我的理解，也可以说是个人体会和对《法式》研究的一点贡献。

　　其次，在实际的唐宋案例中，是充满变化的。如《法式》中首先是对建筑分类分级，等级最高的是殿堂（阁）式（有天花、有斗栱，结构是层叠式的），依次为厅堂式（无天花、有斗栱）和余屋类（无天花、无斗栱），它们依建筑所处的位置和重要性，从结构上分为三个级别，再进行分等用材，即规定尺寸大小，进而开展对应的建造。但是我们看到的在山西太原晋祠圣母殿建筑，却找不到相应的归类：它应该是殿阁式的，因为它是晋祠最重要的建筑，是纪念圣母的，等级最高，但是它没有天花；若说它是厅堂式，屋架做法又是殿堂（阁）式的。所以，我称它是"跨越"的。在教学中，我不断思考这个问题，同时在对宋代建筑的考察中，也发现其实并没有一幢建筑是完全按照《法式》做的。这就如同齐国官书《考工记》说到"营国制度"，即都城的规制，但是我们并没有找到一例都城是完全按照《考工记》规划的一样。应实际情形跨越规制是历史真实，也是设计的基本原则。其结果就是我强调的：在范围内选择，在《法式》极限和实际工程中跨越，有法无式。

再则，关于《法式》适用的建筑建造，我们在不少书中都将《营造法式》和《工程做法则例》作为官式建筑相提并论，这就引入一个概念：什么叫"**官式**"？很显然，我们将《工程做法则例》和宫殿、坛庙、陵墓祭祀建筑等这样的皇家建筑相联系和对应，应该没有问题，但是《营造法式》我理解对应的建筑建造应该更加广泛，除了皇家建筑，还包括皇帝敕建或者地方政府、机构、团体筹资建设的庙宇（如佛寺和道教建筑）、孔庙甚至衙署等，有时我们研究时简单称之为"官式"，是相对于民间建筑而言的，我们要明确这个基准。所以我想提出一个相对明确的概念：在宋代，《营造法式》所指导或者示范的是由宫廷或者地方政府和组织机构筹资建设的重要建筑，相对的就是个人或家庭出资建设的民间建筑。这和清代是不一样的，在清代，我认为建筑建造或者曰建筑生产至少有三大系统：1）《工程做法则例》指导的**官式建筑**（或者说和皇家相关的建筑，既包括朝廷建筑，也包括**住宅**，如王府等，还包括皇家敕建的庙宇）；2）地方投资的地方建筑（包括庙宇、文庙、衙署等）；3）个体建设的民间建筑。这点认识是近年思考明确的结果，在早些年的讲课中没有提及。2023 年出版、实际上在 10 年前构思的 *Routledge Handbook of Chinese Architecture-Social Production of Building and Spaces in History*[①]中的中国古代建筑部分，我便是依照这样的思路建议主

---

① Edited by Jianfei Zhu, Chen Wei,and Li Hua. Routledge Handbook of Chinese Architecture-Social Production of Buildingd and Spaces in History[M].London: Routedge Taylor & Francis Group, 2023.

编进行架构的，主要从建筑建造的投资方的渠道来思考建筑生产和建筑样式的关系。所以类似《营造法原》指导的是地方建筑，不能简单说是官式的还是民间的；而《营造法式》通行的是包括皇家的和地方组织投资的建筑范围；《工程做法则例》应该是和皇家及朝廷相关的范围。在许多研究中，会将《营造法式》和《工程做法则例》简单地比较，但建筑范围本身由于界定不清会带来不必要的研究混乱，这是我们需要避免的。

在建筑学院讲授这门课，我特别强调：过去很少人关注这些《营造法式》和具体设计相关的出入问题，总将《营造法式》作为宝典、范式、形制而钻深。我这里想说的并不是我对《法式》研究有了特别的新见解，而是想说中国古代建筑是怎样诞生又怎样传承的？历史作为一种思维方式，通过对《法式》"极限"的了解、实际工程进行"跨越"的实践认知，以及生产实现的操作和管理过程，我们可以建立这样基本的概念：

第一，《营造法式》是一部相当于今天设计规范的书，分级分等，然后帮助我们了解极限值，进而灵活运用。在中国古代，在极限值的范围内，你可以跨越、变通、调整、选择。

第二，中国古代建筑有自己的独特体系，但是又丰富多彩，这是和古人对"极限"深谙、进而能够以"跨越"思维进行设计和工作的方式有关。

第三，要明辨"官式"在宋代和清代的不同。《营造法式》适用的范畴不能简单用清代的官式建筑而概述；而清代《工程做法则例》指代的官式是皇家类建筑，对于地方建筑的进深和尺寸以及适宜技术都有其他的经验数据和做法，如《营造法原》。《营造法式》

通行的范畴更加广泛。

也正因为《营造法式》不止步于最高等级的建筑，也不明确绝对的数值推演，才可能有中国古典建筑的精髓传承，既有独特体系，又有多元变化。这种应对的思路对于今天是有启发意义的。

二、我们可以尝试什么

往届课程中我们做过许多作业，其中之一是运用计算机技术来演绎从《营造法式》到宋式建筑架构的过程。从时段上看，运用计算机技术展开这方面的工作，始于 20 世纪 80 年代末和 90 年代初。如香港中文大学李以康（现已离开香港中文大学）先生是较早在这方面展开工作的，他首先是通过对建筑构件（如柱础、柱子、梁、枋、斗栱、檩、椽子等）的建构，用电脑技术表现古代建筑大木作是如何架构的（*A Computer-based Teaching Tool for Traditional Chinese Wood Construction*），后来他又用虚拟模型来研究《营造法式》中的大木作（*Virtual Modelling and Traditional Chinese Wood Construction*）[①]。又如，20 世纪 90 年代初，任职于东南大学的赵辰（现工作于南京大学）先生，在设计江西庐山东林寺大殿时，用电脑来虚拟建模这座宋式大殿的大木作，以表达设计想法和研究受力特点。1999 年，清华大学几位本科生在郭黛姮教授和贺从容老师的指导下，用动画的方式来

---

① *A Computer-based Teaching Tool for Traditional Chinese Wood Construction* 和 *Virtual Modelling and Traditional Chinese Wood Construction* 系李以康先生赠送给作者的论文。

展示营造学社考察山西五台山佛光寺大殿时的情形和建构佛光寺大殿。这些工作均给我以极大的启发。我们是在 2000 年和 2001 年春季的研究生教学中开展这项工作的，后来又陆续有经典建筑案例分析、诸种建筑做法的考察和研究报告、宋式建筑设计作业等。不同于上述的是，我更注重"演绎"这个概念在指导学生运用电脑时的意义——如果将这些运用计算机技术展开关于和《法式》有关的工作尚可称为一个不同于以前阶段的话。

开始时，我们通过教授《营造法式》中重要的"以材为祖，材分八等"的概念，研究在利用电脑设计斗栱时的特殊意义，并去演绎各种完全符合《法式》规范的斗栱；又运用"材、分、栔"三级模数制设计大木作的概念，去演绎宋式理想的殿阁式和厅堂式的大木作设计。有了这样的一个基础，随后我们尝试宋式建筑的建造表达。所谓"宋式"，指上至唐代下迄辽金南宋的、一种带有规律性的建造方式和相对稳定的设计方法的、以宋代《营造法式》中的记载为典型的作法。我们完成过：历代重要建筑斗栱原大模型及其比较；对于大木作，选择了唐代山西五台佛光寺大殿、宋代山西太原晋祠圣母殿、宋代河南登封初祖庵大殿、宋代浙江宁波保国寺大殿、辽代天津独乐寺观音阁及山门、辽代应县木塔、金代山西太原晋祠献殿、金代山西五台佛光寺文殊殿等为演绎的对象；在运用电脑演绎大木作之后，我们还做过宋式小木作在今天室内设计中的实践方案；由宋式前推南朝建康（今南京）鸡鸣寺建筑的风格研究；由宋式后推延续了宋代砖石建筑做法的明代南京官式建筑的砖作与石作的实地考察和建造研究；地方建筑屋顶与宋法式建筑屋顶比较；经典案例的木构架设计与室内功能及空间、视觉需求的关系分析；具体环境和功能下的宋式建筑设计等。

《营造法式》是一个研究的杠杆，在历史的层面、在设计的层面、在做法的层面、在思维的层面，都可以全面教学，启迪后学，也可以专项研究，不断体会古人智慧的精妙。

三、运用多媒体演绎唐宋金建筑的三个案例及其意义

在 21 世纪初，为何选择唐代山西五台佛光寺大殿、宋代山西太原晋祠圣母殿、金代山西太原晋祠献殿这三个实物作为重点案例建造呈现？

第一，它们分别是唐、宋、金三个朝代单体建筑的代表，它们相互间体现出一种垂直发展的宋式建筑历史关系；第二，在木构架类型上，佛光寺大殿是殿阁式，晋祠献殿是厅堂式，而晋祠圣母殿的构架类型为殿阁厅堂混合式，它们都很有代表性；第三，它们同处山西，相互之间有可比性；第四，很有意味的是，它们都不是标准的《法式》作法。佛光寺大殿建于唐代，晋祠献殿建于金代，但构架所采用的殿阁式和厅堂式是《法式》中明确记载的，而晋祠圣母殿虽然建于宋代，其构架方式在《法式》中却无记录。这使得我们理解演绎的重要性——在规范和实践中变通，自古至今是建筑设计的重要原则。

在 2005 年出版的《演绎唐宋建筑（系列一、二）》[①]中，前言是如下写的，可以让我们回顾一下当时的工作思路。

---

① 陈薇 主编．演绎唐宋建筑（系列一、二）[M]．北京：中国建筑工业出版社，2005．

演绎唐宋建筑·前言

在一个虚拟的世界建造千年前的建筑有着神奇的魅力和境界。这似乎不是因为古建筑的遥远而产生的特殊美感，而恰恰是由于咫尺的人机对面，使我们能够触摸到那种真实，那种可以反复回视的古典意味。这得归功于数字化时代提供给我们的方便。这里我们呈现给读者的是唐代佛光寺大殿、宋代晋祠圣母殿和飞梁鱼沼、金代晋祠献殿的数字化建造。

然而，现代技术和手段只是一根拐杖，在这跨越千年的时空中，我们认为联系古建筑建造技术和电子技术的内在可能和优势，是它们存在着一定的逻辑关系，可以举一反三和推导，可以用一般原理证明特殊事实，在建筑上可以从一种定则出发而设计出一个实体，这里用"演绎"一词代替。这个演绎的专业基础和理论架构就是成书于北宋年间的《营造法式》。所以从这个层面上讲，我们所做的工作也是学习和理解《营造法式》的结果。

我们所选的实例分别体现三个朝代的建筑单体特色，但在建造技术上有着和《营造法式》所记载的"材—份—絜"三级模数制相通的关系，在构架体系上，也分别是殿阁造、殿阁式厅堂造、厅堂造的代表。在技术上演绎唐宋（或称之为"宋式"，时段上迄唐代，下抵辽金南宋）建筑和进行表达，是我们这次进行数字化建造的宗旨。从中我们深入地理解了作为一种法典和范式的《营造法式》的多层内涵，也更加洞察了中国古代建筑的建造者在具体实施时的创造性。有规矩可循而又不囿于其所限，古往今来的许多优秀建筑便诞生在这种变化的过程中。这使得我们认识中国古代建筑的精髓远远超越于建筑的外在形式和符号方面，也因此希望我们的工作能够吸引更多的人关注中国古代建筑建造的语法方面，而不仅仅是对语汇的汲取。

　　从事这项工作的是东南大学建筑系 1999 级和 2000 级选修《营造法式》课程的部分研究生。1999 级的同学在初始做时，没有任何现成的可资借鉴和参照的脚本，却各辟蹊径、开动脑筋，去表达《营造法式》中各种不同斗栱、殿阁造和厅堂造的建造过程和方法，表现出极大的创造性，也为后来的同学积累了丰富的经验和教训。2000 级的同学则主要致力于如上所述三个实例的数字化建造，在运作过程中，既分工又合作，集体间的协调性得到了高度发挥，同时，仅一年间，计算机的软件技术又有长足发展，这使得我们的制作有了更好的平台和更开阔的眼界。

　　没有哪个时代像今天这样，在我们谋求发展时，更需要博采众长和相互配合；也没有哪个时代像今天这样，在我们发展相对古老的建筑学科时，更需要运用现代的科学技术。也因此，我们知道，随着科学技术的突飞猛进和社会的快速发展，我们所做的工作瞬间将成为过去。不断努力和进步，我们将孜孜追求。

陈薇　于东南大学中大院

2001 年秋

演绎是一个什么样的概念？

演绎就是用一般原理推准到特殊的事实的过程，其前提和结论之间是有必然联系的。通过学习《营造法式》，将这三个实物作为演绎的对象，是基于这样一种认识：《营造法式》是一种规则、一种法典、一种模式，但在记录上和应用上都很灵活，它实在是反映宋式建筑的真实情形的。通过多媒体"演绎"，能够运用新技术加强对学习传统文献和古代传统建筑技术的理解，尤其在由书本到实物、由一般到特殊、由逻辑推理到情景再现的表达方面，有着特殊的作用。

这些已经在 2005 年出版的光盘中有静态和动态的表达，这里不方便展现动态的过程，仅列下图进行示意。

1. 唐代山西五台佛光寺大殿①（图 10-1 ～图 10-3）

2. 宋代山西太原晋祠圣母殿②（图 10-4 ～图 10-6）

3. 金代山西太原晋祠献殿和飞梁鱼沼③（图 10-7 ～图 10-9）

四、如何开展可持续的宋《营造法式》教学

转眼我开展宋《营造法式》的研究生教学已经 30 年，其实我每年在教学中都多少会有变化，因为《法式》是经典的，可以反复从中汲取能量。一方面，我个人在布置学生作业任务书时，试图不

---

① 佛光寺大殿参加制作：蒋澍、汤晔峥、白颖、杨慧、顾凯、陆洪慧、王昕、徐天羽、夏峻嵩、路瑶。
② 晋祠圣母殿参加制作：费移山、何嘉宁、孙磊磊、万正炀、许轶、魏羽力、孙曦、陈涛、冯烊、翟克勇、钱晶、应君、彭克伟、姜辉、李岚、蔡晴。
③ 晋祠圣母殿和飞梁鱼沼参加制作：陈洁萍、彭冀、李萍、李新建、周霖、孙昱、何小林、陈冲、史永高、游绍勇、李嫡梅、肖明、汤蕾。

图 10-1　佛光寺大殿结构关系

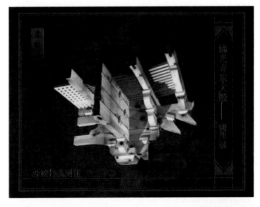

图 10-2　佛光寺大殿斗栱

图 10-3　佛光寺大殿大木作

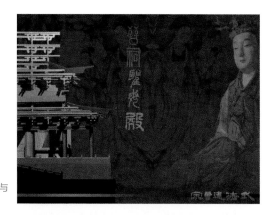

图 10-4 晋祠圣母殿与
宋营造法式

图 10-5 晋祠圣母殿构
架东立面

图 10-6 晋祠圣母殿斗
栱举例

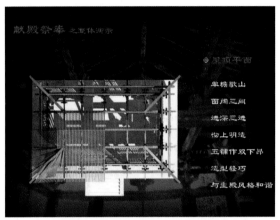

图 10-7　晋祠献殿
研究内容

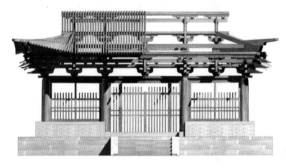

图 10-8　晋祠献殿
构架动画立面

图 10-9　晋祠献殿
构架动画侧面

断地挖掘和延伸《法式》在古代的不同历史时期中发挥的作用，希望可以推演和还原，发现其中的联络和轨迹；另一方面，随着当代建筑学的发展越来越趋近还原建筑本体的价值，我理解就是与人的生活密不可分——建筑无非是衣食住行中的一部分，在某种程度上，当代人的需求并不复杂，复杂的是如何应对当下的条件以满足人的需求，因此，经典便提供了一种机会，以不变的智慧启发万变的可能。

怎样布置任务？

首先，教师需要比较敏感，对学界的学术发展以及当代建筑的发展状态有比较高的敏锐度，我布置的作业主题大致有四个阶段或层面的要求：历史层面对经典案例的学习；设计层面对《营造法式》的应用；做法层面对结构构造的实例研究；研究层面对古人整体设计创造的分析。其次，要求教师有对专业理论有深入的理解和认识，如陈明达先生提出的为何"《营造法式》第三十一卷关于厅堂的图样称为'厅堂等间缝内用梁柱'而不像殿阁的梁架图那样称为'草架侧样'的问题"，在布置任务时就很重要，这个概念的清晰与否，直接关系到教师怎样将实物化整为零、切分分配给学生去研究和操作。又如，不同位置的斗栱其相互间的关系是怎样的，同学们分别完成后怎样组织在一起，等等。这些实际上都是教师怎样从专业出发去考虑的问题。再则，对学生的组织，包括对学生的专业背景、知识结构、个人才智和能力特点，教师也要有一定的了解。

怎样完成任务？

概括一句话，既分工又合作。这包括对于布置的研究对象工作量的把握和学生人数的分配；在制作时有比较一致的软件需求和表达平台，但在最初建模时，根据不同任务可各辟蹊径。最终成果也是由局部到整体，由具体构件到整个架构，由静态到动态表达的完成。

如我在教学的中后期阶段，就布置了若干学习各种做法的作业，其中对于南京明孝陵方城明楼石作和砖作的研究，就是其中一例。因为这个建筑的砖石作尤其是石作，更多保留有宋式特色，可以通过对此进行考察和测绘以及与宋式进行比较，从实物中进行学习，也对南京明初建筑在古制继承方面和"治隆唐宋"的历史理解层面有更多裨益，三位同学的合作成果也很成熟，后来我推荐给《时代建筑》进行了发表①（图 10-10 ~ 图 10-12）。

又如近期，更多开展的是关于经典案例如何结合环境、光线、功能和人的感受等进行整体设计的，虽然选择的案例会和以前的有重复，但展开的内容不一样，这也是经典可以反复研究的所在，这

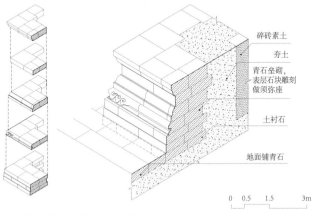

碎砖素土

夯土

青石垒砌，
表层石块雕刻
做须弥座

土衬石

地面铺青石

0　0.5　1.5　　　　3m

图 10-10　明孝陵方城西南角须弥座做法推测

---

① 邵星宇，刘筱丹，孔亦明. 南京明孝陵方城石构造研究 [J]. 时代建筑，2015（6）：19-23.

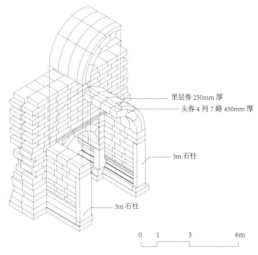

里层券 250mm 厚
头券 4 列 7 路 450mm 厚
3m 石柱
3m 石柱

图 10-11　明孝陵方城罩门券做法示意

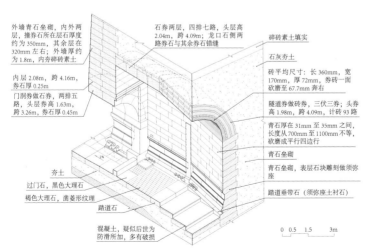

外墙青石垒砌，内外两
层，撞券石所在层石厚度
约为 350mm，其余层在
320mm 左右；外墙厚约
为 1.8m，内夯碎砖素土

石券两层，四排七路，头层高
2.04m，跨 4.09m；龙口石侧两
路券石与其余券石错缝

碎砖素土填实

石灰夯土

内层 2.08m，跨 4.16m，
券石厚 0.25m

门洞做石券，两排五
路，头层券高 1.63m，
跨 3.26m，券石厚 0.45m

砖平均尺寸：长 360mm，宽
170mm，厚 72mm，券砖一面
砍磨至 67.7mm 券石

隧道做砖券，三伏三券；头券
高 1.98m，跨 4.09m，计砖 93 路

青石厚在 31mm 至 35mm 之间，
长度从 700mm 至 1100mm 不等，
砍磨成平行四边形

青石垒砌

青石垒砌，表层石块雕刻做须
弥座

踏道垂带石（须弥座土衬石）

夯土

过门石，黑色大理石

褐色大理石，凿菱形纹理

踏道石

混凝土，疑似后世为
防滑所加，多有破损

图 10-12　明孝陵方城南北通道砖石交接做法示意

里选择的有佛光寺①、独乐寺观音阁②和应县木塔③，特别重视像设和建筑结构、人体尺度、视线距离的空间关系分析，也特别加强了历史文献研究、构造研究等（图10-13～图10-23）。

　　实际上，对经典案例在真实环境、功能需求、为人所用等方面

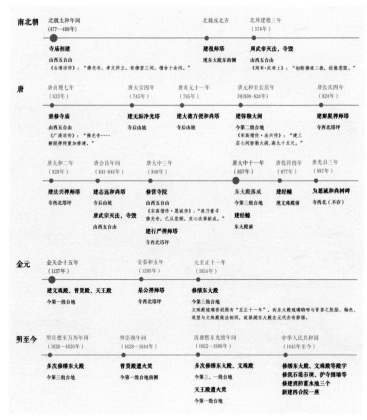

图10-13　佛光寺历史沿革大事表

① 佛光寺研究和制作：阮景、还凯洁。
② 独乐寺观音阁研究和制作：李星皓、杨静轩、林星雨。
③ 应县木塔研究和制作：丛佳仪、陈寅思危、朱晨涛。

的设计研究,并反诸于建筑结构在具体实践上的变化,便是更贴近对古人营造意匠的发现,从中得到的收获和我们今天开展设计时的思维,并无二致。2024年,我设置的本课程的设计任务书是在南京玄武湖自选一个合适地点,设计一幢宋式建筑作为王安石纪念馆或纪念亭,这里选择的一份作业①,充分考虑了室内外环境、功能需求、建筑风格与历史人物的关系、公众的视线和流线等,特别对

图 10-14　佛光寺东大殿外部参访空间序列分析
底图来源:张斌.与佛同观——佛光寺中佛的空间与人的空间[J].建筑学报,2018,(9)19-27.

图 10-15　佛光寺东大殿剖透视图

---

① 王安石纪念馆设计作业:崔哲魁、花全均、张焕。

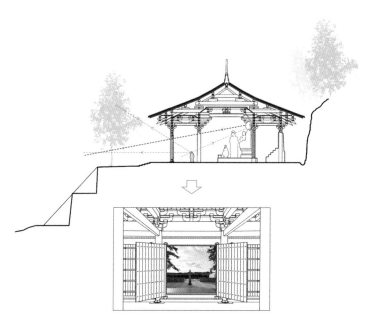

图 10-16　佛光寺东大殿东大殿内外视线分析
底图来源：张斌 . 与佛同观——佛光寺中佛的空间与人的空间 [J]. 建筑学报，2018，（9）
19-27.

图 10-17　佛光寺东大殿面西沐浴余晖模拟

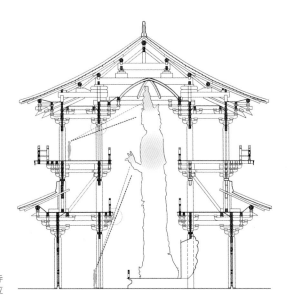

图 10-18 独乐寺
观音阁观音像主要位
置分析

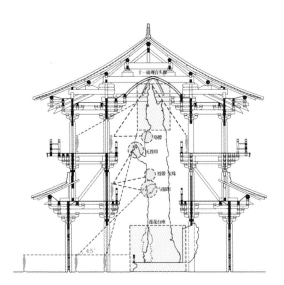

图 10-19 独乐寺
观音阁和人眼及活动
观像视线分析

图 10-20　独乐寺观音阁木结构与像设空间

图 10-21　应县木塔南立面图

图 10-22　应县木塔内筒与像设位置

图 10-23　应县木塔暗层使用斜撑

新设计的纪念馆还进行了结构计算（图10-24～图10-30），这也是"宋清营造法式"这门课努力帮助学生建立设计和工程意识的结果。

这里，需要进一步强调的是，在学习古典建筑中，建筑学和历史学是基础平台，绘图和测绘是专业训练，而运用多媒体技术表达

图 10-24　王安石纪念馆总平面图

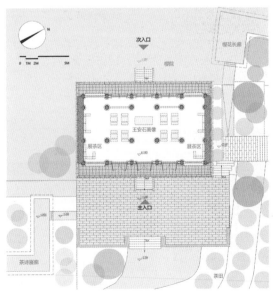

图 10-25　王安石纪念馆单体平面图

图 10-26　王安石纪念馆剖透视图

图 10-27　王安石纪念馆鸟瞰图

图 10-28　王安石纪念馆和改造的樱花长廊
关系

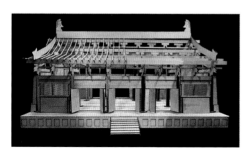

图 10-29　王安石纪念馆手工模型 1：20

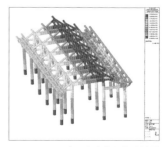

图 10-30　王安石纪念馆木构建筑结
构计算振型图

实物的一种构筑和架构、空间和关系、材料和构造，应该是一种研究实践，能够灵活运用《法式》进行具体环境和条件的设计，是设计实践。

第一，建模就要获得数据，需要查找资料和辨读图纸，要力求甚解。

第二，要将实物建构出来，就必须有很专业的基本概念、对实物的深入理解和空间认识，包括可能的测绘和调研，并且需要和《法式》比较，这种比较本身就包含着研究。

第三，由于数字技术和软件的快速发展，越来越方便通过虚拟来穿越时空，让我们触摸到一种建造的真实、材料的真实、思维的真实，这多少可以弥补上课期间不能实地大量考察而带来的认识上的缺憾；同时在东南大学建筑学院学习《法式》，一项必不可少的教学环节就是古建筑考察，安排在随后的《法式》课后的暑假进行，有了修课的基础，考察古建筑时学生往往收获颇丰。

第四，可以直观地用来教学和学术交流。在 2001 年夏和台湾同行的交流中，以及在 2001 年以后的东南大学本科生建筑史教学中，已得到很好的证明；2004 年《法式》课的作业成果之一[①]还参加了中法文化年（Les Années Chine-France）在巴黎的展览，引起轰动（图 10-31 ~ 图 10-34）；2005 年中国建筑工业出版社出版了《演绎唐宋建筑（系列一、二）》光盘，使众多学子可以受益。当然在完成作业的过程中，同学们学习了新的软件，掌握了基本的编剧、分镜头和切换等呈现审美的技巧，还对配乐有了特别的爱好，

---

① 此次选择参展的是天津蓟州区独乐寺山门的整个建造过程，参加制作：彭松、张晓东、祖刚、邘大鹏、罗海、王侠、柴洋波、袁晓。

图10-31 独乐寺山门斗栱动态演示一

图10-32 独乐寺山门斗栱动态演示二

图10-33 独乐寺山门木结构动态演示

图10-34 独乐寺制作信息

近年还对选取音乐作为配乐的版权问题有了知识产权的意识。

第五,在研究实践和设计实践中,我们深入地理解了作为一种法典和经典的《营造法式》的多层内涵,也更加洞察了中国古代建筑的建造者在具体实施时的创造性。有规矩可循而又不囿于其所限,古往今来的许多优秀建筑便诞生在这种变化的过程中。这使得我们认识中国古代建筑的精髓远远超越于建筑的外在形式,而所谓的营造成为一种传统,便是可持续的一代一代的传承和创新在如水的流淌和演绎的变化中的一种保持,由宋代作为一个中心点,向前推导向后延伸,波澜壮阔又绵延不断。

参考文献

[1] 爱新觉罗·胤礼（允礼）纂．工程做法则例 [M]．清雍正十二年（1734 年）武英殿刻本．

[2] 石印宋李明仲营造法式 [M]．丁氏抄本影印，民国八年（1919 年）．

[3] 李明仲营造法式 [M]．民国十八年十月（1929 年 10 月）印行．

[4] 李诫．营造法式（陶本）[M]．上海：商务印书馆，1929.

[5] 李诫撰，傅熹年纂校．营造法式合校本 [M]．北京：中华书局，2017.

[6] 姚承祖 原著，张至刚 增编，刘敦桢 校阅．营造法原 [M]．北京：中国建筑工业出版社，1959.

[7] 刘敦桢 主编．中国古代建筑史 [M]．北京：中国建筑工业出版社，1980.

[8] 梁思成．清式营造则例 [M]．北京：中国建筑工业出版社，1981.

[9] 陈明达．营造法式大木作研究 [M]．北京：文物出版社，1981.

[10] 梁思成．营造法式注释（卷上）[M]．北京：中国建筑工业出版社，1983.

[11] 马炳坚．中国古建筑木作营造技术 [M]．北京：科学出版社，1991.

[12] 故宫博物院古建部 王璞子．工程做法注释 [M]．北京：中国建筑工业出版社，1995.

[13] 潘谷西，何建中．《营造法式》解读 [M]．南京：东南大学出版社，2005.

[14] 郭黛姮 主编．中国古代建筑史：宋、辽、金、西夏建筑 [M]．北京：中国建筑工业出版社，2009.

[15] 东南大学建筑研究所 张十庆 主编．宁波保国寺大殿：勘测分析与基础研究 [M]．南京：东南大学出版社，2013.

[16] 东南大学 潘谷西 主编．中国建筑史（第七版）[M]．北京：中国建筑工业出版社，2015.

索引

A

6 画
安藤忠雄（第一讲） 4

8 画
昂（第三讲）（第四讲） 101
昂嘴（第四讲） 121

B

4 画
不厦两头造（第六讲） 195

5 画
布细色（第八讲） 255
半混（第八讲） 264

7 画
步（第一讲） 26
步架（第三讲）（第五讲）
（第六讲） 97 160 186
把头绞项作（第四讲） 128

8 画
变法（第一讲） 6
抱槫口（第五讲） 162
板门（第七讲） 214
板棂窗（第七讲） 226
版壁（第七讲） 235
版引檐（第七讲） 251

11 画
桯互（第七讲） 247

12 画
赑屃鳌坐（第二讲） 72
编竹抹灰造（第四讲）
（第七讲） 136 230
编竹抹灰（第六讲） 199
搏风板（第六讲） 199
博脊（第八讲） 276

13 画
碑碣（第二讲） 72

14 画
褊棱（第二讲） 41

C

3 画
叉手（第三讲） 97
叉柱造（第六讲） 207
叉子（第七讲） 247

5 画
出际（第五讲）
（第六讲） 172 197
出际随架（第六讲） 197

6 画
冲（第五讲） 178
次间（第六讲） 185

7 画

彻上明造（第三讲）　　93

串（第三讲）（第五讲）　　99　170

材（第三讲）　　101

抄（第四讲）　　116

8 画

侧样（第一讲）（第六讲）（第九讲）

　　11　188　294

侧脚（第五讲）　　155

抽纴墙（第二讲）　　39

垂脊（第六讲）（第八讲）　　194　278

衬方头（第三讲）（第四讲）　102　123

衬地（第八讲）　　254

衬色（第八讲）　　254

采步金（第六讲）　　203

9 画

穿（第二讲）　　74

重台勾阑（第二讲）　　58

10 画

柴栈（第八讲）　　268

唇板瓦（第八讲）　　270

鸱吻（第八讲）　　278

11 画

崇宁版（第一讲）　　12

彩画作（第一讲）（第八讲）　　10　254

彩画（第八讲）　　254

粗搏（第二讲）　　41

绰幕枋（第五讲）　　169

12 画

插昂（第四讲）　　118

窗额（第七讲）　　230

13 画

椽（第五讲）　　176

缠柱造（第六讲）　　209

14 画

蝉肚绰幕枋（第五讲）　　169

15 画

槽（第三讲）　　84

16 画

螭（第二讲）　　74

D

2 画

丁头栱（第四讲）　　136

丁华抹颏栱（第四讲）　　140

丁栿（第五讲）　　161

3 画

大木作（第一讲）（第三讲）　　10　80

大额枋（第五讲）　　166

大连檐（第五讲）　　176

大角梁（第五讲）　　176

大角梁法（第五讲）　　177

大弯梁（第七讲）　　243

大青（第八讲）　　257

大绿（第八讲）   257

4 画
斗栱（第三讲）（第四讲）   101 110
斗口（第三讲）   104
斗口跳（第四讲）   129
斗八藻井（第七讲）   241
丹粉刷饰（第八讲）   260

5 画
打剥（第二讲）   41

6 画
地盘（第一讲）   11
地钉（第二讲）   35
地栿（第二讲）   59
地盘图（第三讲）   84
地盘分槽图（第九讲）   304
当沟（第八讲）   276

8 画
单台勾阑（第二讲）   58
单槽（第三讲）   90
单材（第三讲）   101
单斗只替（第四讲）   127
定平（第二讲）   31

10 画
递角栿（第五讲）   161

13 画
殿内斗八（第二讲）   63

殿心石（第二讲）   63
殿堂（阁）类（第三讲）   83
叠涩座（第二讲）   60
叠涩（第二讲）   60

14 画
滴水（第八讲）   271
滴当火珠（第八讲）   276

16 画
雕作、旋作、锯作、竹作
（第一讲）（第八讲）   10   264
雕镌（第二讲）   42

18 画
簟（第八讲）   268

19 画
蹲兽（第八讲）   279

E

2 画
二方连续图案（第七讲）   222
二青（第八讲）   257
二绿（第八讲）   257

6 画
耳（第四讲）   111

15 画
额（第五讲）   160

额枋（第五讲）　　165
额垫板（第五讲）　　166
额限（第七讲）　　222

F

3 画
飞椽（第五讲）　　176

4 画
方石（第二讲）　　46
方砖（第八讲）　　286
分心槽（第三讲）　　85
分（第一讲）（第三讲）　　26　101
分件图（第九讲）　　297　299
分型图（第九讲）　　298　299
凤翅旋瓣（第八讲）　　263

6 画
仿宋重刊《营造法式》（第一讲）　　12
伏（第二讲）　　69

7 画
扶壁栱（第四讲）　　130
扶脊木（第八讲）　　278

8 画
法式（第一讲）　　3
枫栱（第四讲）　　141

9 画
阀阅（第七讲）　　220

11 画
副子（第二讲）　　52
副阶周匝（第三讲）　　90

12 画
傅熹年（第一讲）　　13

15 画
幡竿颊（第二讲）　　70

18 画
覆盆（第二讲）　　46

G

3 画
工官（第一讲）　　8
《工程做法则例》（第一讲）　　23
《工程做法注释》（第一讲）　　24
广（第三讲）　　101

4 画
勾阑（第二讲）（第七讲）　　58　249
勾头（第八讲）　　271

5 画
功料（第一讲）　　10
功限（第一讲）　　10
瓜子栱（第四讲）　　115

6 画
圭首（第二讲）　　75

8 画

官式（第十讲）　　　　　　　　314

官式建筑（第十讲）　　　　　　314

10 画

栱（第四讲）　　　　　　　　　114

格子门（第七讲）　　　　　　　222

12 画

隔减（第二讲）（第七讲）　39　231

隔断（第七讲）　　　　　　　　234

14 画

裹楸板（第五讲）　　　　　　　162

槅（第七讲）　　　　　　　　　216

H

6 画

华版（第二讲）　　　　　　　　 58

华栱（第三讲）（第四讲）　101　116

华头子（第四讲）　　　　　　　118

合柱（第五讲）　　　　　　　　162

红灰（第八讲）　　　　　　　　279

9 画

厚（第三讲）　　　　　　　　　101

10 画

笏头碣（第二讲）　　　　　　　 72

11 画

混作（第八讲）　　　　　　　　264

黄灰（第八讲）　　　　　　　　279

13 画

槐汁（第八讲）　　　　　　　　257

17 画

壕寨（第一讲）（第二讲）　　9　30

J

2 画

九脊殿（第六讲）　　　　　　　194

4 画

井口石（第二讲）　　　　　　　 70

计心造（第四讲）　　　　　　　125

6 画

阶条石（第二讲）　　　　　　　 50

阶基（第二讲）（第八讲）　56　280

交互斗（第四讲）　　　　　　　111

交伏斗（第四讲）　　　　　　　132

交伏栱（第四讲）　　　　　　　133

尽间（第六讲）　　　　　　　　186

7 画

伽利略（第一讲）　　　　　　　 17

角石（第二讲）　　　　　　　　 50

角柱（第二讲）　　　　　　　　 50

角梁（第五讲）　　　　　　　　176

角脊（第七讲）　　278

进深（第六讲）　　186

鸡栖木（第七讲）　　216

拒马叉子（第七讲）　　247

8 画

卷头造（第一讲）　　15

卷輂（第二讲）　　68

卷杀（第四讲）　　114

金口（第二讲）　　49

金厢斗底槽（第三讲）　　87

金檩（第三讲）　　97

金钉（第七讲）　　216

金砖（第八讲）　　286

经藏（第七讲）　　243

《建筑十书》（第九讲）　　293

9 画

将作（第一讲）　　8

将作监（第一讲）　　6

挟屋（第三讲）　　97

绞昂栱（第四讲）　　133

架梁（第六讲）（第九讲）　　197　296

举高（第六讲）　　191

举折（第六讲）　　188

举架（第六讲）　　191

举势（第六讲）　　199

10 画

脊榑（第三讲）　　93

脊檩（第三讲）　　93

11 画

基础（第二讲）　　31

减地平钑（第二讲）　　42

假昂（第四讲）　　118

12 画

景表（第二讲）　　30

13 画

解绿装（第八讲）　　260

锯作（第八讲）　　266

14 画

截间格子门（第七讲）　　225

截间版帐（第七讲）　　234

截间横钤立旌（第七讲）　　235

截间格子（第七讲）　　236

16 画

缴背（第二讲）　　69

18 画

礓磋（第八讲）　　282

K

9 画

看详（第一讲）　　11

看盘（第二讲）　　66

11 画

壶门（第二讲）　　60

13 画

蒯祥（第一讲）　　　　　　　　8

L

4 画

六椽栿（第三讲）（第五讲）　97　160

六椀菱花（第七讲）　　　　　222

5 画

立柣（第二讲）　　　　　　　49

立颊（第七讲）　　　　　　　214

令栱（第四讲）　　　　　　　115

6 画

刘敦桢（第一讲）　　　　　　13

李约瑟（第一讲）　　　　　　3

李诫（第一讲）　　　　　　5　7

列栱（第四讲）　　　　　　　134

7 画

连珠斗（第一讲）（第四讲）　14　131

里（第一讲）　　　　　　　　26

两明格子窗（第七讲）　　　　222

沥粉贴金（第八讲）　　　　　256

9 画

栌斗（第四讲）　　　　　　　111

10 画

料例（第一讲）　　　　　　　10

流杯渠（第二讲）　　　　　　64

11 画

理查德·罗杰斯（第一讲）　　4

梁思成（第一讲）　　　　　　5

棂星门（第七讲）　　　　　　221

绿华（第八讲）　　　　　　　257

琉璃瓦（第八讲）　　　　　　269

12 画

《鲁般营造正式》（第一讲）　18

《鲁班经》（第一讲）　　　　18

阑额（第三讲）（第五讲）　84　160

阑槛勾窗（第七讲）　　　　　232

阑槛（第七讲）　　　　　　　232

12 画

棱间装（第八讲）　　　　　　260

13 画

溜金斗栱（第四讲）　　　　　147

21 画

露墙（第二讲）　　　　　　　40

露篱（第七讲）　　　　　　　251

露龈砌（第八讲）　　　　　　280

露龈侧砌（第八讲）　　　　　282

M

3 画

马头（第二讲）　　　　　　　34

马台（第二讲）　　　　　　　69

门陷（第二讲）　　　　　　　49

门砧（第二讲）　49
门额（第七讲）　214
门簪（第七讲）　216

5 画
目录（第一讲）　11

8 画
杪（第四讲）　116
抹角栿（第五讲）　161
明间（第六讲）　185
明镜（第七讲）　241

9 画
面阔（第六讲）　185

14 画
慢道（第二讲）（第八讲）　52　280
慢栱（第四讲）　116

16 画
磨礲（第二讲）　42

N

4 画
内槽（第三讲）　87
内额（第五讲）　160
牛头砖（第八讲）　286

8 画
泥作（第一讲）（第八讲）　10　279

泥道栱（第四讲）　114

15 画
碾玉装（第八讲）　258

P

5 画
平江（第一讲）　12
平砌（第二讲）　45
平槫（第三讲）　93
平梁（第三讲）（第五讲）　97　160
平（第四讲）　111
平盘斗（第四讲）　132
平身科（第四讲）　143
平板枋（第五讲）　166
平闇（第七讲）　237
平棊（第七讲）　238
平砌（第八讲）　280

7 画
批竹昂（第四讲）　122

8 画
披麻捉灰（第五讲）　164

9 画
盆唇（第二讲）　46
拼帮（第五讲）　164
屏风骨（第七讲）　235

10 画

破子棂窗（第七讲）　　226

破灰（第八讲）　　279

12 画

铺作（第三讲）　　102

普拍枋（第五讲）　　166

15 画

潘谷西（第一讲）　　5

16 画

擗石桩（第二讲）　　69

24 画

襻间（第五讲）　　170

Q

2 画

七朱八白（第八讲）　　260

4 画

切机头入瓣（第五讲）　　162

6 画

齐心斗（第四讲）　　113

8 画

取正（第二讲）　　31

戗脊（第六讲）（第八讲）　　194　278

青华（第八讲）　　257

青棍瓦（第八讲）　　268

青灰（第八讲）　　279

枪金（第八讲）　　258

10 画

栔（第三讲）　　101

起突（第八讲）　　264

11 画

《清式营造则例》（第一讲）　　24

骑伏栱（第四讲）　　133

骑昂栱（第四讲）　　133

骑槽斜栱（第四讲）　　138

骑槽斜华栱（第四讲）　　138

雀替（第五讲）　　169

毬六格纹（第七讲）　　222

12 画

欹（第四讲）　　111

翘（第四讲）　　116

13 画

鹊台（第四讲）　　122

R

2 画

人字斗栱（第四讲）　　130

7 画

乳栿（第三讲）（第五讲）　　97　160

8 画

软门（第七讲）　　218

12 画

惹草（第六讲）　　199

S

3 画

上金檩（第三讲）　　97
上串（第三讲）（第五讲）　　99　170
上昂（第四讲）　　118
上份（第六讲）　　188
三椽栿（第三讲）　　97
三青（第八讲）　　257
三绿（第八讲）　　257
三瓣蝉翅（第八讲）　　282
山花（第六讲）　　198

4 画

水平（第二讲）　　31
水斗子（第二讲）　　64
水项子（第二讲）　　66
水文窗（第七讲）　　226
水槽（第七讲）　　249
双槽（第三讲）　　92
升（第四讲）　　129

5 画

石作（第一讲）　　9
四椽栿（第三讲）（第五讲）　　97　160
四阿顶（第五讲）（第六讲）　　174　193

四椀菱花（第七讲）　　222
四方连续图案（第七讲）　　222
四向毬文格眼（第七讲）　　222
四程破瓣单混压边线（第七讲）　　225
四晕（第八讲）　　257
四晕间金（第八讲）　　258
生起（第五讲）　　158
生头木（第五讲）　　158
生出（第五讲）　　178

6 画

收分（第五讲）　　157
收山（第六讲）　　195　205

7 画

苏州工业专门学校建筑工程系（第一讲）　　21
束腰（第二讲）　　60

8 画

实雕（第二讲）（第八讲）　　45　265

9 画

耍头木（第三讲）（第四讲）　　102　122
耍头（第三讲）　　102
顺脊串（第五讲）　　170
顺栿串（第五讲）　　170
顺身串（第五讲）　　170

10 画

素平（第二讲）　　44
素白瓦（第八讲）　　268

11 画

绳墨（第一讲） 8

梭柱（第五讲） 153

兽头（第八讲） 279

12 画

散斗（第四讲） 113

梢间（第六讲） 185

13 画

蜀柱斗子（第四讲） 130

睒电窗（第七讲） 226

T

3 画

土衬石（第二讲） 50

4 画

天花（第三讲）（第七讲） 82　237

天宫楼阁（第七讲） 243

厅堂类（第三讲）

5 画

台基（第二讲） 50

台面（第二讲） 50

6 画

托脚（第三讲） 97

托柱（第七讲）

7 画

条砖（第八讲） 285

8 画

图样（第一讲） 11

9 画

挑檐枋（第四讲） 115

挑斡（第四讲） 118

贴络华纹（第七讲） 238

贴金（第八讲） 255

10 画

陶本（第一讲） 12

剔地起突（第二讲） 42

透雕（第二讲） 45

套筒（第三讲） 90

通面阔（第六讲） 185

通进深（第六讲） 186

11 画

偷心造（第四讲） 124

推山（第五讲） 172

楻子（第七讲） 230

12 画

替木（第四讲） 127

楂头（第五讲） 169

15 画

踏道（第二讲）（第八讲） 52　280

槫（第三讲）（第五讲） 93　172

18 画

藤黄（第八讲）　　　　　　　　　　257

W

4 画

王安石（第一讲）　　　　　　　　　　6

瓦作（第一讲）（第八讲）　　10　268

乌头门（第七讲）　　　　　　　　　220

五彩遍装（第八讲）　　　　　　　　258

五瓣蝉翅（第八讲）　　　　　　　　282

5 画

外槽（第三讲）　　　　　　　　　　87

7 画

庑殿顶（第五讲）（第六讲）　172　193

8 画

卧栿（第二讲）　　　　　　　　　　49

9 画

屋木（第九讲）　　　　　　　　　　308

11 画

望柱（第二讲）　　　　　　　　　　59

望板（第八讲）　　　　　　　　　　267

望砖（第八讲）　　　　　　　　　　268

维特鲁威（第九讲）　　　　　　　　293

X

3 画

小木作（第一讲）（第七讲）　10　214

小额枋（第五讲）　　　　　　　　　166

小连檐（第五讲）　　　　　　　　　176

小斗八（第七讲）　　　　　　　　　242

下金槫（第三讲）　　　　　　　　　97

下串（第三讲）（第五讲）　　99　170

下昂（第四讲）　　　　　　　　　　118

下份（第六讲）　　　　　　　　　　188

4 画

心柱（第七讲）　　　　　　　　　　230

8 画

细澴（第二讲）　　　　　　　　　　41

券（第二讲）

9 画

须弥座（第二讲）　　　　　　　　　60

虾须栱（第四讲）　　　　　　　　　137

10 画

栿杖（第二讲）　　　　　　　　　　59

11 画

斜栱（第一讲）（第四讲）　　15　138

斜撑（第一讲）　　　　　　　　　　15

象眼（第二讲）　　　　　　　　　　52

续角梁（第五讲）　　　　　　　　　176

悬山（第六讲）　　　　　　　　　　195

图书在版编目（CIP）数据

《营造法式》十讲 / 陈薇著 .—北京：中国建筑
工业出版社，2024.3
　　ISBN 978–7–112–29483–1

　　Ⅰ.①营… Ⅱ.①陈… Ⅲ.①《营造法式》—研究
Ⅳ.① TU–092.44

中国国家版本馆CIP数据核字（2023）第249483号

责任编辑：李　鸽　刘　川　陈海娇
责任校对：王　烨

《营造法式》十讲
陈　薇　著
＊
中国建筑工业出版社出版、发行（北京海淀三里河路9号）
各地新华书店、建筑书店经销
北京海视强森文化传媒有限公司制版
天津裕同印刷有限公司印刷
＊
开本：880 毫米 × 1230 毫米　1/32　印张：11½　字数：263 千字
2025 年 1 月第一版　2025 年 1 月第一次印刷
定价：**88.00** 元
ISBN 978-7-112-29483-1
　　（42088）